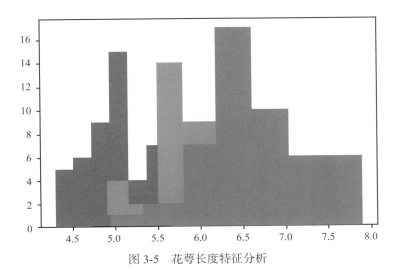

图 3-5　花萼长度特征分析

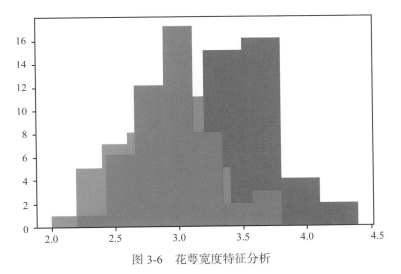

图 3-6　花萼宽度特征分析

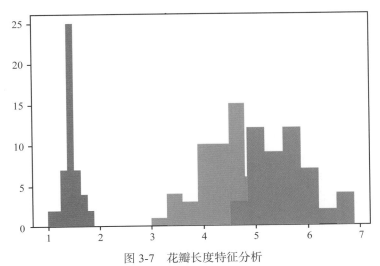

图 3-7　花瓣长度特征分析

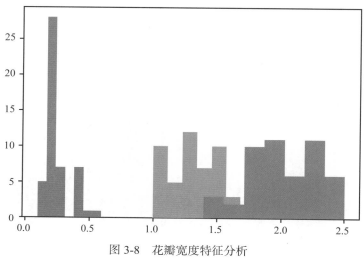

图 3-8　花瓣宽度特征分析

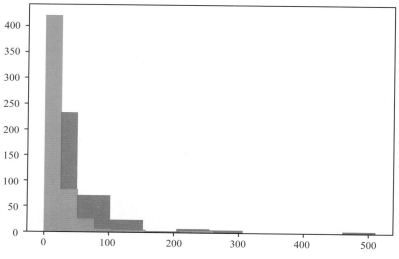

图 3-9　Fare 直方图特征分析

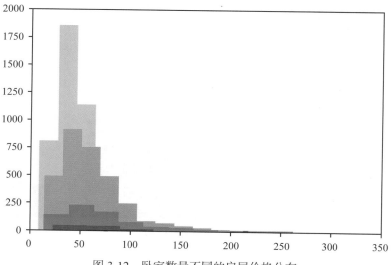

图 3-12　卧室数量不同的房屋价格分布

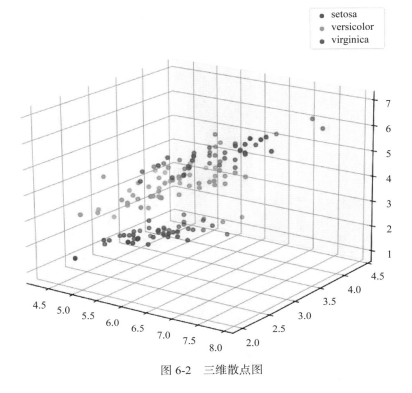

图 6-2　三维散点图

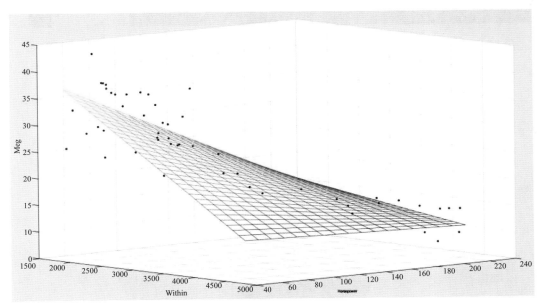

图 8-3　多元线性回归的函数图像

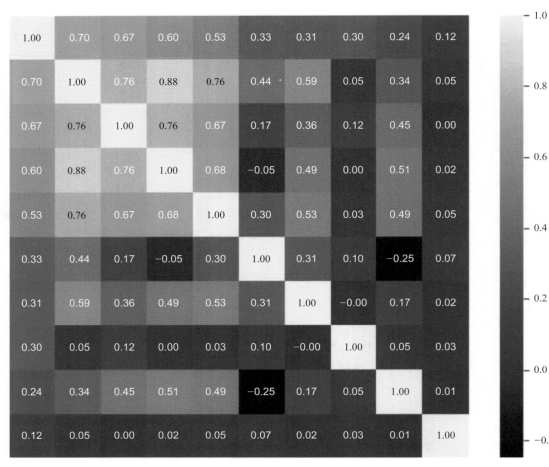

图 14-7　相关性热力图

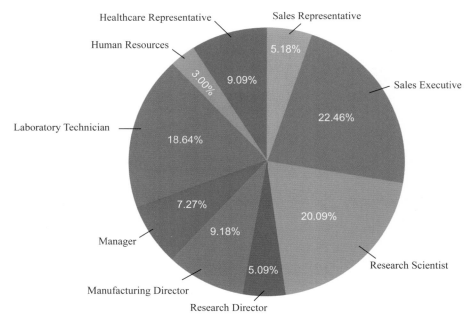

图 15-2　不同岗位离职人员分布的饼状图

数据科学与工程技术丛书

Practice and Case Study of
Data Mining Algorithm

数据挖掘算法实践
与案例详解

丁兆云 沈大勇 徐伟 周鋆 著

机械工业出版社
CHINA MACHINE PRESS

本书从实践的角度，以案例为牵引，介绍数据挖掘的流程、常用的模型和算法等，并给出代码实现。内容包括数据挖掘的定义和分类、数据分类、特征选择、数据清洗、数据转换、数据降维、不平衡数据分类、回归分析、聚类、Apriori 算法、KNN 分类、支持向量机、神经网络分类、集成学习，并给出多个综合案例，帮助读者掌握数据挖掘技术。

本书案例丰富、可操作性强，适合作为高校数据挖掘相关课程的教材或实践教材，也适合作为相关技术人员的参考书。

图书在版编目（CIP）数据

数据挖掘算法实践与案例详解 / 丁兆云等著 .

北京 ：机械工业出版社，2024.7. --（数据科学与工

程技术丛书）. -- ISBN 978-7-111-76069-6

I. TP274

中国国家版本馆 CIP 数据核字第 2024E0G053 号

机械工业出版社（北京市百万庄大街 22 号　邮政编码 100037）

策划编辑：朱　劼　　　　　　　　　责任编辑：朱　劼

责任校对：张勤思　李可意　景　飞　　责任印制：常天培

北京科信印刷有限公司印刷

2025 年 1 月第 1 版第 1 次印刷

185mm × 260mm · 11.5 印张 · 3 插页 · 290 千字

标准书号：ISBN 978-7-111-76069-6

定价：59.00 元

电话服务　　　　　　　　　　　网络服务

客服电话：010-88361066　　　机 工 官 网：www.cmpbook.com

　　　　　010-88379833　　　机 工 官 博：weibo.com/cmp1952

　　　　　010-68326294　　　金 书 网：www.golden-book.com

封底无防伪标均为盗版　　机工教育服务网：www.cmpedu.com

随着大数据、人工智能技术的快速发展，各行各业积累的数据越来越丰富，数据挖掘的需求越来越大。本书针对实际数据及数据挖掘任务需求，提供数据预处理、特征选择、数据可视化、算法运用等方面的数据挖掘模型的原理与实现代码，为运用数据挖掘提供可参考的方法。

笔者近年来一直从事数据挖掘方向的研究和数据挖掘课程的教学，长期指导学生参加数模竞赛、天池大数据竞赛、DataCastle 大数据竞赛、Kaggle 竞赛等高水平数据挖掘竞赛，并取得了优异成绩。同时，积极探索以数据挖掘技术为主线构建课堂教学与实践教学相融合的课程体系，总结了一套数据挖掘实践案例及参考代码，适合用于理工科相关专业的本科生与研究生的数据挖掘实验课程，也可供相关领域的科研与工程技术人员实践参考。

本书的组织结构如下：

第 1 章首先简述了数据挖掘的定义和分类，随后阐述了数据挖掘实践过程中的 Python 安装及环境配置方法并简单介绍了与本书中数据挖掘实践任务相关的数据集，让读者掌握如何安装实验环境，了解数据挖掘中的常用数据集。

第 2 章以贝叶斯分类为案例，阐述了分类的概念和实践全流程，包括数据集的划分、模型的运用和模型的评价，让读者能够针对具体数据，运用分类算法来完成数据分类过程。

第 3 章阐述了特征选择的实践方法，让读者掌握通过直方图与柱状图方法来完成数据的特征选择。

第 4 章阐述了数据清洗的实践方法，让读者掌握缺失值填充的方法，知道如何通过正态分布与箱线图方法发现数据离群点。最后，以"测测你的一见钟情指数"作为实践案例，详细阐述了数据清洗的实践过程。

第 5 章阐述了数据转换的实践方法，让读者掌握通过二进制编码方法将离散型数据数值化的方法，并掌握最小 – 最大规范化和 z 分数规范化、小数定标规范化的方法。

第 6 章阐述了数据降维的实践方法，让读者掌握通过散点图方法来分析数据相关性的技巧，并能够灵活运用主成分分析法。

第 7 章阐述了不平衡数据分类的实践方法，让读者掌握上采样与下采样的实际运用，通过"员工离职问题"实践案例，详细介绍了不平衡数据分类的实践过程。

第8章阐述了回归分析的实践方法，让读者掌握多元线性回归预测的实际运用，通过"PM2.5空气质量预测"实践案例，详细介绍了回归预测的实践过程。

第9章阐述了常见聚类算法的实际应用，使读者能够灵活应用k均值法、层次聚类法、密度聚类法。通过鸢尾花数据实践案例，详细介绍了密度聚类的实践过程。

第10章阐述了Apriori算法的实践方法，让读者掌握该算法的实现过程。通过"棒球运动产品推荐"实践案例，详细介绍了该算法的实践过程。

第11章阐述了KNN分类的实践方法，通过"鸢尾花分类""相似电影推荐"两个实践案例，详细介绍了该算法的实践过程。

第12章阐述了支持向量机分类的实践方法，通过"鸢尾花数据分类""新闻文本数据分类"两个实践案例，详细介绍了该算法的实践过程。

第13章阐述了神经网络分类的实践方法，通过"新闻文本分类"实践案例，详细介绍了该算法的实践过程。

第14章阐述了常见的集成学习算法的实践，让读者掌握Bagging、随机森林、Adaboost、GBDT、XGBoost的实际应用。通过"房价预测""点击欺骗预测"实践案例，详细介绍了集成算法的实践过程。

第15章给出了各算法的综合运用案例，主要包括员工离职预测、二手车交易价格预测、信息抽取、学术网络节点分类四个综合案例。

本书在总结数据挖掘实践的基础上，在中国大学MOOC上开设了"数据挖掘"MOOC课程（https://www.icourse163.org/course/NUDT-1461782176），并在头歌平台上开设了"数据挖掘"实验课程（https://www.educoder.net/paths/4153），读者可通过在线视频课程的学习、作业训练与编程实践加深对数据挖掘知识点的理解，提高运用能力。

数据挖掘是一个快速发展的领域，加之本书编写时间短，作者水平有限，书中难免有疏漏之处，请各位读者、同行不吝指正。

目　录

第 1 章

绪　论

本章主要介绍数据挖掘技术的由来，并简要介绍数据挖掘技术的主要内容。读者通过学习本章，可以为后续学习打下坚实的基础。

1.1　数据挖掘技术的由来

我们生活在数据的世界，每时每刻、每分每秒都在和数据打交道。计算机技术的稳定进步为人类提供了大量数据收集设备和存储介质，人们每天都离不开的社交软件、支付软件等基于庞大的用户群体，不断产生海量的数据。虽然人们积累的数据越来越多，但是，目前这些数据的应用还仅限于录入、查询、统计等，人们无法发现数据中存在的关系和规则，也无法根据现有的数据预测未来的发展趋势，造成"数据爆炸但知识贫乏"的现象。在这个信息爆炸的时代，面对浩瀚无垠的信息"海洋"，人们期待一种能将浩如烟海的数据转换成知识的技术，数据挖掘（Data Mining）技术就是在这样的背景下产生的。

数据挖掘技术的发展经历了四个阶段，分别是数据搜集、数据访问、数据仓库决策支持以及数据挖掘。在 20 世纪 60 年代的数据搜集阶段，出现的主要商业问题类似于"过去五年我的总收入是多少？"在计算机、磁带和磁盘技术的支持下，用户可以得到历史性、静态的数据信息。到了 20 世纪 80 年代的数据访问阶段，主要的商业问题变成了"新英格兰的分部去年三月的销售额是多少？"在关系数据库（Relational Database Management System，RDBMS）、结构化查询语言（Structure Query Language，SQL）、开放数据库互联（Open Database Connection，ODBC）技术的支持下，用户可以记录历史性的、动态的数据信息。20 世纪 90 年代，商业数据处理进化到了数据仓库决策支持阶段，人们使用联机分析处理（Online Analysis Process，OLAP）、多维数据库、数据仓库等技术在各种层次上提供可回溯的、动态的数据信息，并得出数据分析的简要结论。当前流行的数据挖掘则基于高级算法、多处理器计算机以及海量数据库来提供预测性的信息。

为了从海量数据和大量繁杂信息中提取有价值的知识，进一步提高信息的利用率，产生了一个新的研究方向：基于数据库的知识发现（Knowledge Discovery in Database，KDD）。KDD 一词首次出现在 1989 年举行的国际人工智能联合大会（IJCAI-89）Workshop 上。1995年，在加拿大蒙特利尔召开了第一届 KDD 国际学术会议（KDD-95）。由 Kluwers Publishers 出版，1997 年创刊的 *Knowledge Discovery and Data Mining* 是该领域的第一本学术刊物。

总之，数据挖掘是从大量、不完全、有噪声、模糊、随机的数据中提取隐含在其中的人们事先不知道但是又潜在有用的信息和知识的过程。数据挖掘技术综合了统计学、数据库、人工智能、可视化、高性能计算等多种技术，是多学科交叉的产物和智能技术的核心。

1.2　数据挖掘的分类

数据挖掘分为三类，第一类是关联规则挖掘，第二类是监督式机器学习，第三类是非监督式机器学习（即聚类）。其中，监督式机器学习又可以划分为两个子类。第一个子类是离散标签预测，主要应用于标签分类任务；第二个子类是连续标签预测，主要应用于数值预测任务。

1.2.1　关联规则挖掘

关联规则挖掘的经典案例是"啤酒和尿布"的故事。"啤酒与尿布"的故事产生于 20 世纪 90 年代的美国沃尔玛超市。当时，在美国有婴儿的家庭中，一般由母亲在家中照看婴儿，父亲前去超市购买尿布。父亲在购买尿布的同时，往往会顺便为自己购买啤酒，这就出现了啤酒与尿布这两种看上去不相关的商品经常出现在同一个购物篮中的现象。对于两种商品经常一起被购买的情况，我们称其为一组关联规则。

我们通过这样一个关联规则（如图 1-1 所示）就可以根据用户的购买规律做出预测：如果客户购买了牛奶，他很可能会同时购买面包。超市也运用了这样的规律，常常把牛奶和面包摆放在一起，或者把顾客经常一起购买的商品捆绑起来售卖。这个过程就是数据挖掘里面的一个重要技术——关联规则挖掘。

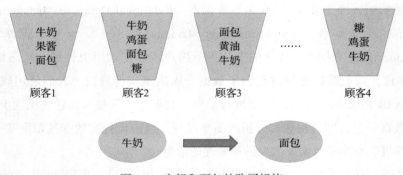

图 1-1　牛奶和面包的购买规律

1.2.2　监督式机器学习

1. 离散标签预测

离散标签预测是一种机器学习或数据分析任务，其主要目标是将输入数据点或样本映射到一组离散的类别或标签中。标签分类任务在离散标签预测中扮演关键角色，下面我们来详细介绍离散标签预测中的标签分类任务。

标签分类任务涉及两个关键步骤，如图 1-2 所示。第一步，我们会看到一组物品，这组物品通常称为训练集。第二步，通过分析这个训练集，我们可以学习到不同类别的特征。例如，第一种水果的类别特征可能包括红色和圆形，第二种水果的分类特征可能是黄色和椭圆形。这些特征的学习是通过分析大量的训练集数据来实现的。一旦从训练集中学到了这些特征，我们就可以将它们用于分类未知物品。这意味着，当拿到一个新的水果时，我们可以使用之前学到的分类特征来识别它，将其归于某一类水果。这是分类任务的一个简单示例。

图 1-2　水果的标签分类任务

下面来看两个例子。

第一个例子的数据如图 1-3 所示。在表格中，年龄和收入是两个特征，"发展评估"是要学习的一个类别标签。如果想知道一个客户的信用等级，就要对已标注信用评估等级的训练集进行学习建模，在此基础上得到类别特征。通过客户数据的训练集，可以学习到年龄在 30 岁到 40 岁之间，且收入高的客户的信用等级为良好这个特征。

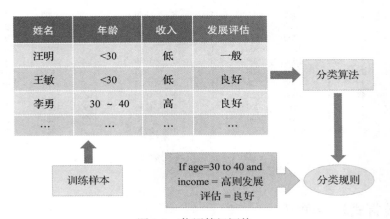

姓名	年龄	收入	发展评估
汪明	<30	低	一般
王敏	<30	低	良好
李勇	30 ~ 40	高	良好
…	…	…	…

分类算法

训练样本

If age=30 to 40 and income = 高则发展评估 = 良好

分类规则

图 1-3　信用等级评估

第二个例子的数据如图 1-4 所示，其中记录了飞机的机长、面积、空中、速度特征，是否为 F16 型号的飞机是要学习的类别标签。利用表格数据总结出来的分类规律可以绘制出决策树，根据对特征条件的判断实现精准分类。

机长	面积	空中	速度	是否F16
<=30	high	no	fair	no
<=30	high	no	excellent	no
31…40	high	no	fair	yes
>40	medium	no	fair	yes
>40	low	yes	fair	yes
>40	low	yes	excellent	no
31…40	low	yes	excellent	yes
<=30	medium	no	fair	no
<=30	low	yes	fair	yes
>40	medium	yes	fair	yes
<=30	medium	yes	excellent	yes
31…40	medium	no	excellent	yes
31…40	high	yes	fair	yes
>40	medium	no	excellent	no

图 1-4   飞机型号的分类

2. 连续标签预测

连续标签预测和离散标签预测的区别在于预测的输出是一个具体的值。以房价预测为例，根据图 1-5 所示的数据得到房屋的一系列基本信息后，通过对房屋销售价格以及房屋的基本信息建立模型，构建相关的预测函数，就可以预测在此期间其他房屋的销售价格。

销售日期	销售价格	卧室数	浴室数	房屋面积	停车面积	楼层数	房屋评分	建筑面积	地下室面积	建筑年份	修复年份	纬度	经度
20150302	545000	3	2.25	1670	6240	1	8	1240	430	1974	0	47.6413	-122.113
20150211	785000	4	2.5	3300	10514	2	10	3300	0	1984	0	47.6323	-122.036
20150107	765000	3	3.25	3190	5283	2	9	3190	0	2007	0	47.5534	-122.002
20141103	720000	5	2.5	2900	9525	2	9	2900	0	1989	0	47.5442	-122.138
20140603	449500	5	2.75	2040	7488	1	7	1200	840	1969	0	47.7289	-122.172
20150506	248500	2	1	780	10064	1	7	780	0	1958	0	47.4913	-122.318
20150305	675000	4	2.5	1770	9858	1	8	1770	0	1971	0	47.7382	-122.287
20140701	730000	2	2.25	2130	4920	1.5	7	1530	600	1941	0	47.573	-122.409
20140807	311000	2	1	860	3300	1	6	860	0	1903	0	47.5496	-122.279
20141204	660000	2	1	960	6263	1	7	960	0	1942	0	47.6646	-122.202
20150227	435000	2	1	990	5643	1	7	870	120	1947	0	47.6802	-122.298
20140904	350000	3	1	1240	10800	1	7	1240	0	1959	0	47.5233	-122.185
20140902	385000	3	2.25	1630	1598	3	8	1630	0	2008	0	47.6904	-122.347
20150413	235000	2	1	930	10505	1	6	930	0	1930	0	47.4337	-122.329
20140930	350000	3	1	1300	10236	1	6	1300	0	1971	0	47.5028	-121.77
20150507	1350000	4	1.75	2000	3728	1.5	9	1820	180	1926	0	47.643	-122.299
20140530	459900	3	1.75	2580	11000	1	7	1290	1290	1951	0	47.5646	-122.181
20140723	430000	6	3	2630	8800	1	7	1610	1020	1959	0	47.7166	-122.293
20141003	718000	5	2.75	2930	7663	2	9	2930	0	2013	0	47.5308	-122.184

图 1-5   房价预测数据

1.2.3   非监督式机器学习

分类属于监督式机器学习，它事先训练一个模型，然后通过模型来达到预测的目的。它带有监督的过程，需要数据标签来辅助训练。聚类则属于非监督式机器学习，它通过一些相似性计算方法来反复进行相似计算。如图 1-6 所示，一副扑克牌如果以花色作为相似性计算的特征，那么就可以利用聚类方法把扑克牌分成 4 类。聚类不需要标注训练集，只需要根据数据的特征相似性就可以把数据分成不同的类别。

花色相同的牌

图 1-6　对扑克牌进行聚类

1.3　Python 的安装步骤

Python 提供了丰富的工具和库，使数据挖掘从业者能够从数据中提取有价值的信息、建立模型、进行预测并将结果可视化。同时，Python 的开放性和活跃的社区也为数据挖掘工作提供了强大的支持和丰富的资源。因此，Python 已成为数据挖掘工作的关键工具之一。为方便后续工作，本节对 Python 的安装进行详细介绍。

1.3.1　Python 环境的配置

Python 的下载地址是 https://www.python.org/，进入该网址后，可以看到如图 1-7 所示的界面。单击 Downloads 即可开始下载 Python。

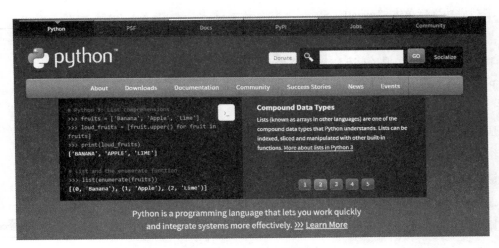

图 1-7　Python 官网

Downloads 界面中提供了 Python 很多版本的下载资源，如图 1-8 所示。在这里我们选择下载 3.7.8 版本的 Python，单击右侧的 Download 按钮，进入下载界面。如图 1-9 所示，单击框中的安装包进行下载。

Release version	Release date		Click for more
Python 3.6.12	Aug. 17, 2020	Download	Release Notes
Python 3.8.5	July 20, 2020	Download	Release Notes
Python 3.8.4	July 13, 2020	Download	Release Notes
Python 3.7.8	June 27, 2020	Download	Release Notes
Python 3.6.11	June 27, 2020	Download	Release Notes
Python 3.8.3	May 13, 2020	Download	Release Notes
Python 2.7.18	April 20, 2020	Download	Release Notes
Python 2.7.7	March 10, 2020	Download	Release Notes

View older releases

图 1-8　Python 的不同版本

Files

Version	Operating System	Description	MD5 Sum	File Size	GPG
Gzipped source tarball	Source release		4d5b16e8c15be38eb0f4b8f04eb68cd0	23276116	SIG
XZ compressed source tarball	Source release		a224ef2249a18824f48fba9812f4006f	17399552	SIG
macOS 64-bit installer	macOS	for OS X 10.9 and later	2819435f3144fd973d3dea4ae6969f6d	29303677	SIG
Windows help file	Windows		65bb54986e5a921413e179d2211b9bfb	8186659	SIG
Windows x86-64 embeddable zip file	Windows	for AMD64/EM64T/x64	5ae191973e00ec490cf2a93126ce4d89	7536190	SIG
Windows x86-64 executable installer	Windows	for AMD64/EM64T/x64	70b08ab8e75941da7f5bf2b9be58b945	26993432	SIG
Windows x86-64 web-based installer	Windows	for AMD64/EM64T/x64	b07dbb998a4a0372f6923185ebb6bf3e	1363056	SIG
Windows x86 embeddable zip file	Windows		5f0f83433bd57fa55182cb8ea42d43d6	6765162	SIG
Windows x86 executable installer	Windows		4a9244c57f61e3ad2803e900a2f75d77	25974352	SIG
Windows x86 web-based installer	Windows		642e566f4817f118abc38578f3cc4e69	1324944	SIG

图 1-9　Python 安装包的选择

下载成功之后单击"Install Now"运行安装程序，如图 1-10 所示，注意要勾选 Add Python 3.7 to PATH 选项。之后，只需要一直单击 Next 即可成功完成安装。

结束安装后，打开命令行，键入命令，如果如图 1-11 所示显示了 Python 的版本信息，则表明 Python 已经安装成功。

图 1-10　Python 安装界面

```
■ 命令提示符 - python
Microsoft Windows [版本 10.0.19042.1288]
(c) Microsoft Corporation。保留所有权利。

C:\Users\Lsx>python
Python 3.7.8 (tags/v3.7.8:4b47a5b6ba, Jun 28 2020, 08:53:46) [MSC v.1916 64 bit (AMD64)] on win32
Type "help", "copyright", "credits" or "license" for more information.
>>> _
```

图 1-11　检查安装是否成功

1.3.2　PyCharm 的安装

PyCharm 是一款功能强大的 Python 编辑器，具有跨平台性。本节将介绍 PyCharm 在 Windows 下的安装流程和方法。

PyCharm 的下载地址是 https://www.jetbrains.com/PyCharm/download/#section=windows，其界面如图 1-12 所示。PyCharm 提供了两个版本，一个是 Professional（专业）版，另一个是 Community（社区）版。在这里我们选择下载社区版，因为社区版提供完全免费的服务。

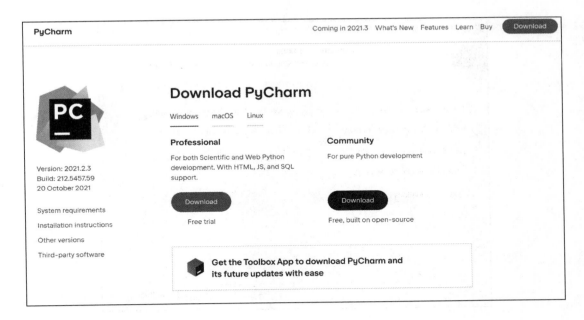

图 1-12　PyCharm 的下载界面

下载好安装包以后，单击鼠标右键运行，安装流程会提示选择文件存放路径（如图 1-13 所示）。在这里，可以根据自己的存储习惯进行修改。

接着选择配置。在图 1-14 所示的界面中，勾选所有的可选项，之后一直单击 Next 按钮即可完成安装。

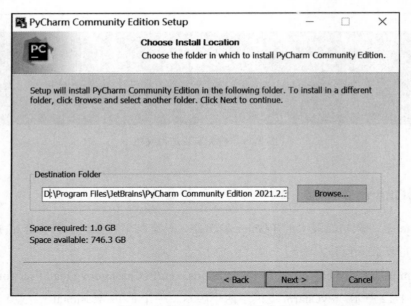

图 1-13 选择 PyCharm 存放路径

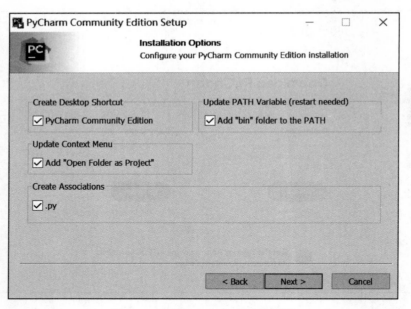

图 1-14 勾选 PyCharm 的安装配置

安装成功后，双击打开 PyCharm（如图 1-15 所示），单击 New Project 新建项目，测试安装是否成功。

单击 New Project 后会出现 Create Project 窗口，如图 1-16 所示。在 Location 后面的文本框中可以修改项目文件的存储路径，在 Base interpreter 后面的文本框中可以看到 PyCharm 已经默认链接了刚刚安装好的 Python。单击 Create 按钮便可新建项目。

图 1-15　PyCharm 主界面

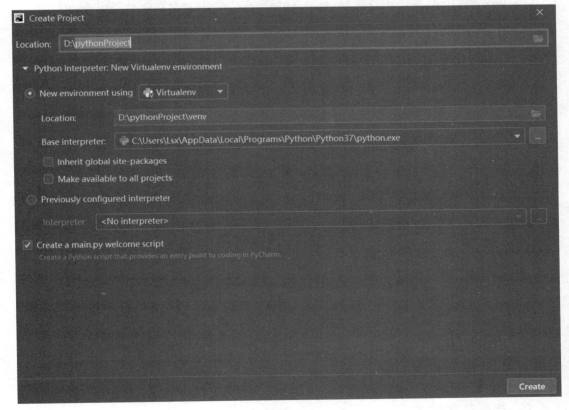

图 1-16　Create Project 窗口

在项目里会自动生成 main.py 文件，用鼠标右键选择 Run 'main' 运行文件，如图 1-17 所示。

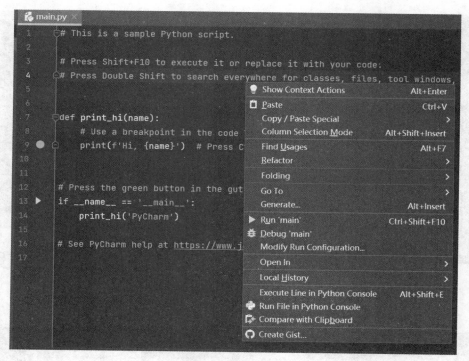

图 1-17　运行文件

如果编辑器下方的窗口出现"Hi，PyCharm"，说明 PyCharm 已经安装成功，并且关联上了 Python，如图 1-18 所示。

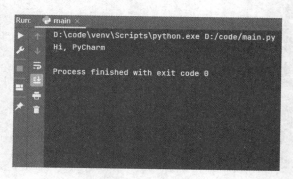

图 1-18　PyCharm 安装成功

1.4　常见的数据集

1.4.1　鸢尾花数据集

鸢尾花数据集是一个经典数据集，经常作为统计学习和机器学习领域的示例。该数据集包含 3 类共 150 条记录，每类各 50 条记录，每条记录都包括 4 项特征：花萼长度、花萼宽度、花瓣长度、花瓣宽度，可以通过这 4 个特征预测鸢尾花卉属于（iris-setosa, iris-versicolour, iris-virginica）中的哪类。

1.4.2　员工离职预测数据集

员工离职预测问题来自 DataCastle 数据竞赛平台中的赛题，数据集中的数据分为训练数据和测试数据，其中训练数据包括 1100 条记录，每条记录有 31 个字段。

各字段及说明如下：

1）Age：员工年龄。

2）Label：员工是否已经离职，1 表示已经离职，2 表示未离职，这是目标预测值。

3）BusinessTravel：商务差旅频率，Non-Travel 表示不出差，Travel_Rarely 表示不经常出差，Travel_Frequently 表示经常出差。

4）Department：员工所在部门，Sales 表示销售部，Research & Development 表示研发部，Human Resources 表示人力资源部。

5）DistanceFromHome：公司与家之间的距离，值的范围为 1 ～ 29，1 表示最近，29 表示最远。

6）Education：员工的受教育程度，值的范围为 1 ～ 5，5 表示受教育程度最高。

7）EducationField：员工所学习的专业领域，Life Sciences 表示生命科学，Medical 表示医疗，Marketing 表示市场营销，Technical Degree 表示技术，Human Resources 表示人力资源，Other 表示其他。

8）EmployeeNumber：员工号码。

9）EnvironmentSatisfaction：员工对工作环境的满意程度，值的范围为 1 ～ 4，1 表示满意程度最低，4 表示满意程度最高。

10）Gender：员工性别，Male 表示男性，Female 表示女性。

11）JobInvolvement：员工的工作投入度，值的范围为 1 ～ 4，1 为投入度最低，4 为投入度最高。

12）JobLevel：职业级别，值的范围为 1 ～ 5，1 为最低级别，5 为最高级别。

13）JobRole：工作角色，Sales Executive 是销售主管，Research Scientist 是科学研究员，Laboratory Technician 是实验室技术员，Manufacturing Director 是制造总监，Healthcare Representative 是医疗代表，Manager 是经理，Sales Representative 是销售代表，Research Director 是研究总监，Human Resources 是人力资源。

14）JobSatisfaction：工作满意度，值的范围为 1 ～ 4，1 代表满意度最低，4 代表满意度最高。

15）MaritalStatus：员工婚姻状况，Single 代表单身，Married 代表已婚，Divorced 代表

离婚。

16）MonthlyIncome：员工的月收入，值的范围为 1009 ～ 19999。

17）NumCompaniesWorked：员工曾经工作过的公司数。

18）Over18：年龄是否超过 18 岁。

19）OverTime：是否加班，Yes 表示加班，No 表示不加班。

20）PercentSalaryHike：工资提高的百分比。

21）PerformanceRating：绩效评估。

22）RelationshipSatisfaction：关系满意度，值的范围为 1 ～ 4，1 表示满意度最低，4 表示满意度最高。

23）StandardHours：标准工时。

24）StockOptionLevel：股票期权水平。

25）TotalWorkingYears：总工龄。

26）TrainingTimesLastYear：上一年的培训时长，值的范围为 0 ～ 6，0 表示没有培训，6 表示培训时间最长。

27）WorkLifeBalance：工作与生活的平衡程度，值的范围为 1 ～ 4，1 表示平衡程度最低，4 表示平衡程度最高。

28）YearsAtCompany：在目前公司工作的年数。

29）YearsInCurrentRole：在目前岗位工作的年数。

30）YearsSinceLastPromotion：距离上次升职的年数。

31）YearsWithCurrManager：与目前的上级共事的年数。

1.4.3　泰坦尼克号灾难预测数据集

泰坦尼克号灾难预测是 Kaggle 竞赛平台的经典赛题。在泰坦尼克号灾难预测数据集中，每个乘客对应一个 ID，用 0 表示乘客已遇难，用 1 表示乘客幸存。在表格中还记录了乘客的姓名、性别、年龄等信息。表 1-1 给出了泰坦尼克号灾难预测数据集（部分）。

表 1-1　泰坦尼克号灾难预测数据集（部分）

Passenger	Survived	Pclass	Name	Sex	Age	SibSp	Parch	Fare	Cabin	Embarked
1	0	3	Braun	male	22	1	0	7.25		S
2	1	1	Cumi	female	38	1	0	71.2833	C85	C
3	1	3	Heikk	female	26	0	0	7.925		S
4	1	1	Futrel	female	35	1	0	53.1	C123	S
5	0	3	Allen	male	35	0	0	8.05		S
6	0	3	Mora	male		0	0	8.4583		Q
7	0	1	McCa	male	54	0	0	51.8625	E46	S
8	0	3	Palsso	male	2	3	1	21.075		S
9	1	3	Johns	female	27	0	2	11.1333		S

（续）

Passenger	Survived	Pclass	Name	Sex	Age	SibSp	Parch	Fare	Cabin	Embarked
10	1	2	Nasse	female	14	1	0	30.0708		C
11	1	3	Sands	female	4	1	1	16.7	G6	S
12	1	1	Bonne	female	58	0	0	26.55	C103	S

1.4.4　PM2.5 空气质量预测数据集

PM2.5 空气质量预测是来自 DataCastle 数据竞赛平台中的赛题，要求在给定一段时间内的天气相关指数数据和 PM2.5 指数的情况下，建立模型预测接下来一段时间的 PM2.5 指数。表 1-2 给出了空气质量预测数据（部分），需要使用这些数据对未来 PM 2.5 数据进行预测。

表 1-2　空气质量预测数据（部分）

项目	说明
hour	观测数据发生的时间点
pm2.5	观测时间点对应的 PM2.5 指数
DEWP	露点，空气中水汽含量达到饱和的气温
TEMP	温度，观测时间点对应的温度
PRES	压强，观测时间点对应的压强
Iws	风速，观测时间点的风速
Is	累积降雪，到观测时间点为止累计降雪的时长（小时）
Ir	累积降雨，到观测时间点为止累计降雨的时长（小时）
Cbed-NE	观测时间点对应的风向为东北风
Cbed-NW	观测时间点对应的风向为西北风
Cbwd-SE	观测时间点对应的风向为东南风
Cbwd-cv	观测时间点对应的风向为静风

1.5　本章小结

本章首先介绍了数据挖掘的历史，并深入讨论了数据挖掘的分类。接着，介绍了Python 的安装过程，以便读者能够顺利搭建进行数据挖掘的环境。最后，介绍了一些常见的数据集，以供后续学习和实践之用。

第 2 章

分　　类

本章将介绍数据挖掘中的分类算法，重点阐述分类的过程，并以贝叶斯分类为例进行编程实践。

2.1　分类的概念

从数学角度来说，分类问题可定义如下：已知集合 $C = \{y_1, y_2, y_3, \cdots, y_n\}$，$I = \{x_1, x_2, x_3, \cdots, x_n\}$，映射规则为 $y = f(x)$，$\forall x_i \in I$ 有且仅有一个 $y_i \in C$，使得 $y_i \in f(x_i)$ 成立。

其中，C 称为类别集合，其中每个元素是一个类别；I 称为项集合（特征集合），其中每个元素是一个待分类项；f 称为分类器，分类算法的任务就是构造分类器 f。

分类的目标是构建一个可以描述和区分数据类或概念的模型，能够使用模型预测给定的数据类。

分类过程包括两个阶段。

（1）学习阶段

❑ 建立描述预先定义的数据类或概念集的分类器。

❑ 训练集提供了每个训练元组的类标号，分类的学习过程属于监督式学习。

（2）分类阶段

使用定义好的分类器进行分类。

2.2　分类中的训练集与测试集

训练集（Train Set）是用于训练机器学习模型的数据集，它包含已知的输入特征和对应的输出标签（或目标变量）。通过对训练集进行训练，机器学习模型能够学习到输入特征与输出标签之间的关系，从而得出一种对未知数据具有泛化能力的模型。

测试集（Test Set）是用于评估机器学习模型性能的数据集，它包含未曾在训练中使用过的输入特征和对应的输出标签。通过将测试集输入到已经训练好的模型中，可以得到模型对未知数据的预测结果。通过与测试集的真实标签进行比较，可以评估模型的准确性和性能。

下面来看一个例子。假设通过前期的调查和统计，汇总了14个人的年龄段、收入、是否爱好游戏、信用度、购买信息，构成了训练集，如表2-1所示。

表 2-1　训练集

ID	年龄	收入	是否爱好游戏	信用度	购买
1	青年	高	否	中	否
2	青年	高	否	优	否
3	中年	高	否	中	是
4	老年	中	否	中	是
5	老年	低	是	中	是
6	老年	低	是	优	否
7	中年	低	是	优	是
8	青年	中	否	中	否
9	青年	低	是	中	是
10	老年	中	是	中	是
11	青年	中	是	优	是
12	中年	中	否	优	是
13	中年	高	是	中	是
14	老年	中	否	优	否

在训练集上完成训练后，便得到了数据模型。模型的预测能力需要进一步通过测试集检验，"一个收入中等、信用度良好的爱好游戏的青年顾客，是否会购买电脑？"便可作为一个测试集，用来测试模型的预测精度。

2.3　分类的过程及验证方法

数据集的分类过程为：将数据集分为训练集和测试集，二者的占比为 7∶3。通过模型对训练集进行训练后，经过与测试集的对比来评估准确率，然后用测试集进行测试，最终实现对新数据的预测。这个过程如图 2-1 所示。

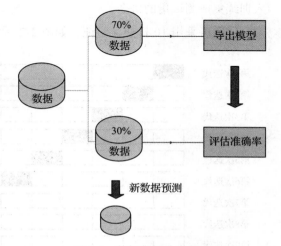

图 2-1　数据集的分类过程

2.3.1　准确率

准确率（Accuracy）是最常见的评价指标，准确率越高，分类器越好。在表 2-2 给出的示例数据中，True Class 表示真实情况，P Class 表示预测情况，$P(+|A)$ 表示分类准确率。

表 2-2   示例数据

Instance	P(+|A)	True Class	P Class	Instance	P(+|A)	True Class	P Class
1	0.95	+	+	6	0.85	+	+
2	0.93	+	+	7	0.76	−	−
3	0.87	−	+	8	0.53	+	−
4	0.85	−	+	9	0.43	−	−
5	0.85	−	+	10	0.25	+	−

在介绍准确率的计算方法前，必须先了解"混淆矩阵"，如表 2-3 所示。

表 2-3   混淆矩阵

真实类别	预测类别	
	Class = Yes	Class = No
Class = Yes	a（TP）	b（FN）
Class = No	c（FP）	d（TN）

其中，TP（True Positive）表示正类被判定为正类，FP（False Positive）表示负类被判定为正类，FN（False Negative）表示正类被判定为负类，TN（True Negative）表示负类被判定为负类。准确率的计算方法如下：

$$准确率（Accuracy） = \frac{a+d}{a+b+c+d} = \frac{TP+TN}{TP+TN+FP+FN}$$

2.3.2   k 折交叉验证

k 折交叉验证一般用于模型调优，先找到使得模型泛化性能最优的超参值，然后在全部训练集上重新训练模型，并使用独立测试集对模型性能做出最终评价。

k 折交叉验证使用了无重复采样技术的优势：在每次迭代中，每个样本点只有一次被划入训练集或测试集的机会。

通常可采用 10 折交叉验证，如图 2-2 所示。

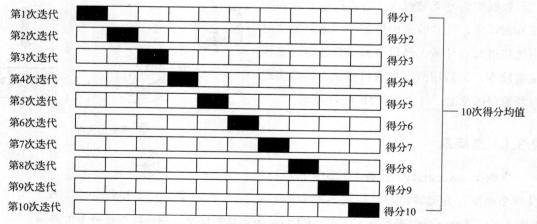

图 2-2   10 折交叉验证（白色表示训练集，黑色表示测试集）

2.4　贝叶斯分类的编程实践

2.4.1　鸢尾花数据集的贝叶斯分类

在鸢尾花数据集上使用高斯朴素贝叶斯分类，主要包括五个步骤：读数据、数据划分、训练、模型评估和预测，实现代码如下：

```
import sklearn
# 导入高斯朴素贝叶斯分类器
from sklearn.naive_bayes import GaussianNB
from sklearn.model_selection import train_test_split
import numpy as np
import pandas as pd
data_url = "iris_train.csv"
df = pd.read_csv(data_url)
X = df.iloc[:,1:5]
y=df.iloc[:,5]
X_train, X_test, y_train, y_test = train_test_split(X, y, test_size=0.2, random_
    state=0)
# 使用高斯朴素贝叶斯进行计算
clf = GaussianNB() // 此处可以调用 sklearn 库的其他模型，如决策树模型
clf.fit(X_train, y_train)
y_pred = clf.predict(X_test)
acc = np.sum(y_test == y_pred) / X_test.shape[0]
print("Test Acc : %.3f" % acc)
```

最终得到的分类准确率为 96.7%。

2.4.2　基于贝叶斯分类的员工离职预测

在员工离职预测数据集上使用朴素贝叶斯分类，主要包括 5 个步骤：读数据、数据处理、数据划分、训练和测试。评分指标为准确率，准确率越高，说明正确预测出离职员工与留职员工的效果越好。实现代码如下：

```
from sklearn.model_selection import train_test_split
from sklearn.naive_bayes import GaussianNB
from sklearn.metrics import accuracy_score
from sklearn import metrics

pd.set_option('display.max_columns',None)
pd.set_option('display.max_rows',None)
data_train = pd.read_csv('train.csv')
# 训练集总共有 1100 条数据
data_test = pd.read_csv('test_noLabel.csv')
# 测试集总共有 350 条数据
data = pd.concat([data_train,data_test],axis = 0)
# 对数据进行处理
def resetAge(name):
```

```python
        if (name < 24) & (name > 18) & (name == 58):
            return 1
        elif (name == 18) & (name == 48) & (name == 54) & (name == 57) & (name > 58) :
            return 0
        else:
            return 2


def resetSalary(s):
    if s>0 & s<3725:
        return 0
    elif s>=3725 & s<11250:
        return 1
    else:
        return 2


def resetPerHike(s):
    if s >= 22 & s < 25:
        return 0
    elif (s >= 11 & s < 14) | (s > 14 & s < 22):
        return 1
    else:
        return 2


data['PercentSalaryHike'] = data['PercentSalaryHike'].apply(resetPerHike)
data['MonthlyIncome'] = data['MonthlyIncome'].apply(resetSalary)
data['Age'] = data['Age'].apply(resetAge)


numerical_cols = data.select_dtypes(exclude = 'object').columns
categorical_cols = data.select_dtypes(include = 'object').columns
feature_cols = [col for col in numerical_cols if col not in ['EmployeeNumber','Ov-
    er18','StandardHours']]
x_data = pd.concat([data[feature_cols],data[categorical_cols]],axis=1)
y_data = data['Label']
x_data = pd.get_dummies(x_data)


cata_result = pd.DataFrame()
for i in data.columns:
    if data[i].dtype == 'O':
        cata = pd.DataFrame()
        cata = pd.get_dummies(data[i], prefix=i)
        cata_result = pd.concat([cata_result, cata], axis=1)


for i in data.columns:
    if data[i].dtype == 'O':
        data = data.drop(i, axis=1)


data = pd.concat([data, cata_result], axis=1)


sep = 1100
X = data.iloc[0:sep,:].drop('Label',axis = 1)
y = data.iloc[0:sep,:]['Label']
```

```
# 划分训练集和测试集
X_train,X_test,y_train,y_test = train_test_split(X,y,test_size=0.25,random_
    state=42)
# 采用朴素贝叶斯算法
L = GaussianNB()
L = L.fit(X_train,y_train)
y_train_pred = L.predict(X_train)
score_train = accuracy_score(y_train,y_train_pred)
score_train
# 使用测试集进行测试
y_test_pre_gs = L.predict(X_test)
score_new = accuracy_score(y_test,y_test_pre_gs)
score_new
```

采用朴素贝叶斯算法，在训练集上的准确率为 67.3%，测试集上准确率为 63.6%。对于此问题，是因为朴素贝叶斯算法基于一个关键的独立性假设，即在给定类别标签的情况下，一个特征的出现概率独立于其他特征。然而，现实世界中的数据往往不满足这一"朴素"的假设，各因素之间可能存在关联关系，从而影响算法的分类准确率。

2.5　本章小结

本章从分类的概念入手，介绍了分类中的训练集与测试集、分类的过程和验证方法。通过鸢尾花贝叶斯分类和员工离职预测贝叶斯分类两个案例来实践分类的过程。在学习完本章内容的基础上，读者可以将案例的代码推广到其他类似问题和领域。

第 3 章
数据的特征选择

本章主要阐述数据的特征选择方法，即对数据进行可视化分析后，完成对数据特征的提取，以便于后续进行数据预测。本章着重介绍利用直方图辅助数据特征选择的实践方法。

3.1 直方图

直方图是一种统计图表，用于表示一个数据集的频率分布。它将数据集中的数据分成一系列连续的、不重叠的区间，并使用矩形的高度来表示每个区间中数据点的数量或频率。直方图可以用来分析单个属性在各个区间的变化分布。

下面以鸢尾花数据的 4 个特征为例，说明直方图的可视化编程方法。

3.1.1 直方图可视化

为了更好地展现数据特征，往往采用数据可视化的方法。数据可视化，是指利用图形方式来展现数据，从而更加清晰有效地传递信息。数据可视化的主要步骤包括：

1）选择适当的图表类型。

2）确定相应的图表设计准则。

如果想让数据发挥更大的价值，合理地运用数据可视化的方法和工具是特别重要的。

本例用到的鸢尾花数据集的部分数据如表 3-1 所示。

表 3-1　鸢尾花数据集部分数据

Sepal Length	Sepal Width	Petal Length	Petal Width	Class
6.7	3.0	5.2	2.3	Iris Virginica
6.3	2.5	5.0	1.9	Iris Virginica
6.5	3.0	5.2	2.0	Iris Virginica
6.2	3.4	5.4	2.3	Iris Virginica
5.9	3.0	5.1	1.8	Iris Virginica

（续）

Sepal Length	Sepal Width	Petal Length	Petal Width	Class
5.1	3.8	1.6	0.2	Iris Setosa
4.6	3.2	1.4	0.2	Iris Setosa
5.3	3.7	1.5	0.2	Iris Setosa
5.0	3.3	1.4	0.2	Iris Setosa
7.0	3.2	4.7	1.4	Iris Versicolour
6.4	3.2	4.5	1.5	Iris Versicolour
6.9	3.1	4.9	1.5	Iris Versicolour
5.5	2.3	4.0	1.3	Iris Versicolour

下面分别绘制四个属性的直方图，并观察四个属性分布的差异性。绘制直方图的 Python 代码如下所示：

```
import pylab as pl
import pandas as pd
data_url = "iris_train.csv"
df = pd.read_csv(data_url)
y = df.ix[:, 1]
#y = df.ix[:, 1]、y = df.ix[:, 2]、y = df.ix[:, 3]、y = df.ix[:, 4]分别对应绘制花萼长
    度、花萼宽度、花瓣长度、花瓣宽度
pl.hist(y)
pl.xlabel('data')
pl.show()
```

图 3-1、图 3-2、图 3-3、图 3-4 展现了鸢尾花数据集中每一个属性的全体数据在各自区间的变化分布。从这些分布图中，我们可以对四个属性的基本情况进行分析。比如，花萼宽度是 3cm 的概率最大，并呈现近似正态分布。这样的数据分布分析有利于在后续数据预测中构建变量的基础模型。

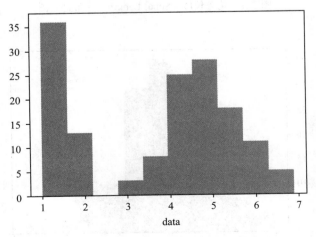

图 3-1　花瓣长度（Petal Length）分布直方图

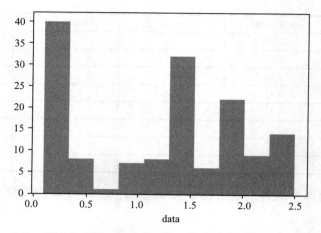

图 3-2 花瓣宽度（Petal Width）分布直方图

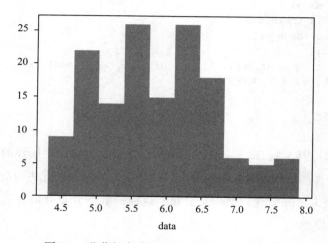

图 3-3 花萼长度（Sepal Length）分布直方图

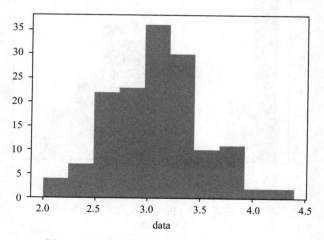

图 3-4 花萼宽度（Sepal Width）分布直方图

3.1.2 直方图特征选择

进一步，可以分析四种属性数据在不同类别下的直方图分布。将三个类型的鸢尾花分别用 3 种不同的颜色表示，其中蓝色代表 Iris Setosa，橙色代表 Iris Versicolour，绿色代表 Iris Virginica。

下面分别绘制四个属性在三种类别下的直方图，Python 实现代码如下所示：

```python
import numpy as np
import pandas as pd
import matplotlib.pyplot as plt
import sklearn
from sklearn import datasets
# dataset
#iris = sklearn.datasets.load_iris()# 导入鸢尾花数据
iris = pd.read_csv('iris_train.csv')
# 按 species 分类，分别提取出 Setosa、Versicolour 和 Virginica 三种花的数据
s0 = iris[iris['Species'] == 'setosa']
s1 = iris[iris['Species'] == 'versicolor']
s2 = iris[iris['Species'] == 'virginica']

fea_lst = ['Sepal.Length', 'Sepal.Width', 'Petal.Length', 'Petal.Width']

#i=0、i=1、i=2、i=3分别对应花萼长度、花萼宽度、花瓣长度、花瓣宽度
i = 1
# 绘制 Setosa 中 i 属性的直方分布图
d0 = s0[fea_lst[i]].values
# 绘制 Versicolour 中 i 属性的直方分布图
d1 = s1[fea_lst[i]].values
# 绘制 Virginica 中 i 属性的直方分布图
d2 = s2[fea_lst[i]].values

plt.hist(d0, 7)
plt.hist(d1, 7)
plt.hist(d2, 7)
plt.show()
```

如图 3-5、图 3-6、图 3-7、图 3-8 所示，不难看出，不同属性在 3 个类别下的分布具有差异。比如，Setosa 的花瓣长度整体较短，分布靠前；Versicolour 的花瓣长度居中，分布也居中；Virginica 的花瓣长度整体较长，分布靠后。因此，通过直方图可视化可以根据花瓣长度区分三种不同类型的花。

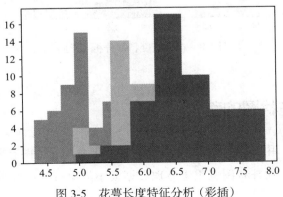

图 3-5　花萼长度特征分析（彩插）

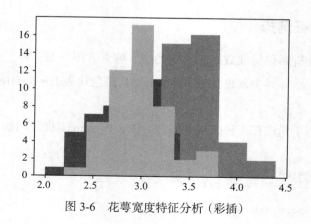

图 3-6   花萼宽度特征分析（彩插）

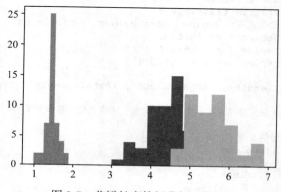

图 3-7   花瓣长度特征分析（彩插）

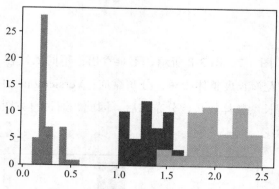

图 3-8   花瓣宽度特征分析（彩插）

3.2   直方图与柱状图的差异

柱状图也是一种常用的表示数据的可视化方式，但它与直方图有所不同。直方图侧重于体现数据的分布情况，而柱状图侧重于体现数据大小的比较。直方图的横坐标表示的是区间，柱状图的横坐标只能表示分类或者具体数值。也就是说，它们的本质区别在于直方图适用于统计连续的数值类型数据，柱状图适用于统计离散的数据。以泰坦尼克号灾难预测数据为例，可以用直方图来表示 Age、Fare 之类的数据；而对于 Sex、SibSp、Embarked 这类离散的数据，则适合用柱状图来表示。

Fare（票价）数据的直方图特征分析的 Python 代码如下所示：

```
import pandas as pd
import matplotlib.pyplot as plt
data_url = "train.csv"
df = pd.read_csv(data_url)
S=df[df.Survived==1]
D=df[df.Survived==0]
plt.hist(S.iloc[:,9])
plt.hist(D.iloc[:,9])
plt.show()
```

绘制的直方图如图 3-10 所示，其中，蓝色直方图表示幸存者的分布，橙色直方图表示遇难者的分布。以橙色直方图为例，我们可以看到，票价在 0 ～ 100 之间的乘客占遇难乘客的大多数，并且票价越便宜，遇难者的人数越多。通过分析我们也可以大致得出这样的结论，幸存者的票价整体要高于遇难者的票价，这或许与票价越高位置越安全（而票价越低，位置越接近舱底，越容易因为被水淹没而遇难）有关。

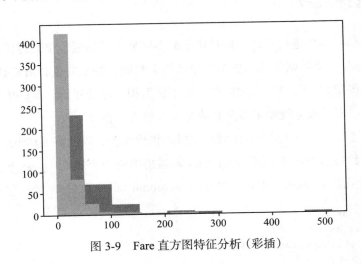

图 3-9　Fare 直方图特征分析（彩插）

Sex（性别）数据柱状图特征分析的 Python 代码如下所示：

```
import pandas as pd
import matplotlib.pyplot as plt
data_url = "train.csv"
df = pd.read_csv(data_url)
#sex = df.groupby('Sex')['Survived'].sum()
sexNew =  df.groupby(['Sex','Survived'])['Survived'].count().unstack()
```

```
sexNew.plot(kind='bar')
plt.show()
```

绘制的柱状图如图 3-10 所示。由图可以看出，遇难者和幸存者中男性和女性分别有多少人。通过简单比较可以得出如下结论：女性幸存的比例要大于男性，这可能与灾难发生时优先让女士逃生有关。

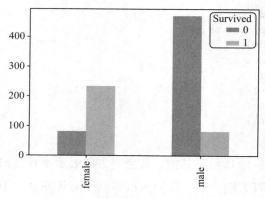

图 3-10   Sex 的柱状图特征分析

3.3   特征选择实践

本节以房价预测为例进行实践，通过房子的不同属性对房屋价格进行预测。本节使用的数据集为 train_data，该数据集的属性主要包括售卖时间、卧室数量、浴室数量、房屋面积、停车场面积、房屋层数、等级、占地面积、地下室面积、建造年份、翻修年份、经度、纬度等，然后通过这些属性建立模型来预测其他房屋的售卖价格。

在进行特征选择时，首先由于 ID 列与房屋的售价无关，因此将 ID 列删除。后面内容中的代码旨在通过绘制直方图来探索 train_data 数据集中的四个属性：year_built（建造年份）、area_house（房屋面积）、price（价格）和 num_bedroom（卧室数量），展示它们的分布情况。

```
import numpy as np
import pandas as pd
import matplotlib.pyplot as plt
# 设置一个 2×2 的子图布局
ax1=plt.subplot(2,2,1) # 第一个子图
plt.hist(train_data.year_built,bins=20) # 绘制建造年份的直方图
plt.xlabel('year')
ax2=plt.subplot(2,2,2) # 第二个子图
plt.hist(train_data.area_house,bins=20) # 绘制房屋面积的直方图
plt.xlabel('area')
ax3=plt.subplot(2,2,3) # 第三个子图
plt.hist(train_data.price,bins=20) # 绘制房价的直方图
```

```
plt.xlabel('price')
ax2=plt.subplot(2,2,4)  # 第四个子图
plt.hist(train_data.num_bedroom,bins=6)  # 绘制卧室数量的直方图
plt.xlabel('bedroom')
plt.show()  # 显示所有子图
```

　　运行后得到图 3-11，通过直方图呈现了建造年份、房屋面积、价格以及卧室数量这 4 个属性的分布情况。从图中可以观察到，建造时间早的房子卖出较少，越新的房子卖出的越多。房屋面积呈现正态分布，面积为 1500 左右的房屋数量最多。房屋的价格越高，卖出的数量越少。对于这批房屋而言，卧室数量以 2 ~ 3 个为主，少于 2 个卧室或者大于 6.5 个卧室的房屋数量极少。

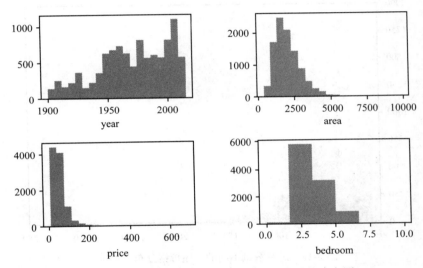

图 3-11　年份、面积、价格、卧室数量属性的直方图

　　下面这段代码旨在绘制一个堆叠的直方图，用于显示数据集 train_data 中与卧室数量（num_bedroom）相关的另一个属性的分布。这里，根据卧室的数量（从 1 ~ 6），将数据分成 6 个不同的子集，并为每个子集绘制直方图。每个直方图使用不同的颜色进行区分。运行以下代码：

```
# 根据卧室数量将数据分为 6 个子集
a=train_data[train_data.num_bedroom==1]
b=train_data[train_data.num_bedroom==2]
c=train_data[train_data.num_bedroom==3]
d=train_data[train_data.num_bedroom==4]
e=train_data[train_data.num_bedroom==5]
f=train_data[train_data.num_bedroom==6]
# 为每个子集绘制直方图，用不同的颜色表示
plt.hist(a.iloc[:,1],bins=20,color='r')
plt.hist(b.iloc[:,1],bins=20,color='orange')
plt.hist(c.iloc[:,1],bins=20,color='y')
```

```
plt.hist(d.iloc[:,1],bins=20,color='c')
plt.hist(e.iloc[:,1],bins=20,color='m')
plt.hist(f.iloc[:,1],bins=20,color='b')
# 设置坐标轴的范围
plt.axis([0,350,0,2000])
# 显示图形
plt.show()
```

代码运行后得到图 3-12，该图将不同卧室数量、价格分别得到的直方图叠加显示。通过该图可以看到，不同卧室数的房屋价格的中位点是随着卧室数量的增加而不断右移的，于是可以得到结论：随着卧室数量的增加，房屋价格也会增加。

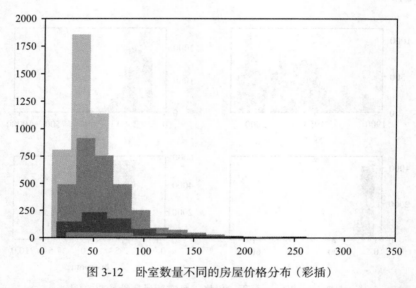

图 3-12　卧室数量不同的房屋价格分布（彩插）

下面这段代码旨在通过散点图展示房价与两个地理坐标（纬度和经度）之间的关系。这种可视化结果可以帮助我们了解地理位置与房价之间存在的某种趋势或模式。运行以下代码：

```
# 在 2×1 的子图布局上创建第一个子图
ax1=plt.subplot(2,1,1)
# 为纬度与价格创建散点图
plt.scatter(train_data.latitude,train_data.price)
# 在 2×1 的子图布局上创建第二个子图
ax2=plt.subplot(2,1,2)
# 为经度与价格创建散点图
plt.scatter(train_data.longitude,train_data.price)
# 显示两个子图
plt.show()
```

运行代码后，得到图 3-13，表示不同经纬度下价格的分布。从图中可以判断，纬度在 $47.6° \sim 47.7°$ 以及经度在 $-122.2°$ 左右时，房屋价格较高，与该地理位置相距越远，房价降低的可能性越大。

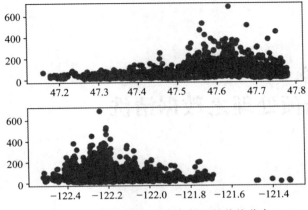

图 3-13　不同经度和纬度条件下的价格分布

3.4　本章小结

数据可视化作为一种传递信息的有效手段，不仅可以使数据的呈现更加生动，还能从中发现特征对类别的区分度。比如，在鸢尾花的例子中，绘制的直方图可以反映某一属性在不同种类鸢尾花中分布的差异性。掌握利用数据可视化进行数据特征提取的技术，将有助于进一步的数据预测和决策分析。当然，也可以通过验证集和测试集的反复训练提升模型精度。

第4章

数据预处理之数据清洗

在完成数据特征选择之后，需要对数据进行预处理。其中，数据清洗是一项重要工作。数据清洗是指在进行数据分析前，去除数据集中的错误、缺失、重复、不一致等问题，以确保数据的质量和准确性。这直接影响后续分析结果的准确性和可信度。

本章先通过泰坦尼克号灾难预测问题来介绍数据清洗的基本方法，再通过一个案例进行实践。

4.1　案例概述

我们以泰坦尼克号灾难预测问题为例来说明数据清洗的内容。泰坦尼克号灾难预测数据集（部分）如表 4-1 所示。其中，每个乘客对应一个 ID，0 表示乘客已遇难，1 表示乘客幸存。在表中，还登记了乘客的姓名（Name）、性别（Sex）、年龄（Age）等信息。

表 4-1　泰坦尼克号灾难预测数据集（部分）

Passenger	Sdurvived	Pclass	Name	Sex	Age	SibSp	Parch	Ticket	Fare	Cabin	Embarked
1	0	3	Braund, Mr. Owen Harris	male	22	1	0	A/5 21171	7.25		S
2	1	1	Cumings, Mrs. John Bradley (Florence Briggs Thayer)	female	38	1	0	PC 17599	71.2833	C85	C
3	1	3	Heikkinen, Miss. Laina	female	26	0	0	STON/O2. 3101282	7.925		S
4	1	1	Futrelle, Mrs. Jacques Heath (Lily May Peel)	female	35	1	0	113803	53.1	C123	S
5	0	3	Allen, Mr. William Henry	male	35	0	0	373450	8.05		S
6	0	3	Moran, Mr. James	male		0	0	330877	8.4583		Q
7	0	1	McCarthy, Mr. Timothy J	male	54	0	0	17463	51.8625	E46	S
8	0	3	Palsson, Master. Gosta Leonard	male	2	3	1	349909	21.075		S
9	1	3	Johnson, Mrs. Oscar W (Elisabeth Vilhelmina Berg)	female	27	0	2	347742	11.1333		S
10	1	2	Nasser, Mrs. Nicholas (Adele Achem)	female	14	1	0	237736	30.0708		C
11	1	3	Sandstrom, Miss. Marguerite Rut	female	4	1	1	PP 9549	16.7	G6	S
12	1	1	Bonnell, Miss. Elizabeth	female	58	0	0	113783	26.55	C103	S

（续）

Passenger	Sdurvived	Pclass	Name	Sex	Age	SibSp	Parch	Ticket	Fare	Cabin	Embarked
13	0	3	Saundercock, Mr. William Henry	male	20	0	0	A/5. 2151	8.05		S
14	0	3	Andersson, Mr. Anders Johan	male	39	1	5	347082	31.275		S
15	0	3	Vestrom, Miss. Hulda Amanda Adolfina	female	14	0	0	350406	7.8542		S

通过观察数据集可以发现，表中数据有两个特点：一是数据存在缺失，例如在 Age 这一属性中，缺少数据值；二是数据存在离群点（即不合理的数据），比如票价（Fare）中出现了 -10，是明显错误的数据。如果用这样的数据进行计算，会导致结果错误或者与实际偏差较大。因此，需要在计算之前对数据进行预处理，使其成为可以进行数据挖掘的数据。这个过程就称为数据清洗。

4.2　缺失值处理

4.2.1　缺失值处理概述

如果存在缺失数据，通常有三种处理方法：第一种方法是忽略缺失的属性或者数据，但当属性中缺失值的比例较大时，这一方法的效果较差，会影响处理的结果；第二种方法是进行手动输入，这种方法的优点在于处理时能保证每个输入值都比较符合实际，缺点也很明显，就是人工工作量太大；第三种方法是自动填写，一般是使用属性的平均值填充空缺值，所填充的数据也可以是基于贝叶斯公式、决策树推理等方法得到的最有可能的值。

在数据挖掘中，如果不对缺失值进行处理，就可能导致分析结果出错。比如，针对本章的案例，如果直接利用 Python 直方图分析数据中的年龄特征，数据缺失会导致程序报错而不能输出结果（如图 4-1 所示）。

```
import pandas as pd
import matplotlib.pyplot as plt
data_url = "train.csv"
df = pd.read_csv(data_url)
S=df[df.Survived==1]
D=df[df.Survived==0]
#plt.hist(S.iloc[:,9])
plt.hist(S.iloc[:,5])
#plt.hist(D.iloc[:,9])
plt.hist(S.iloc[:,5])
plt.show()
```

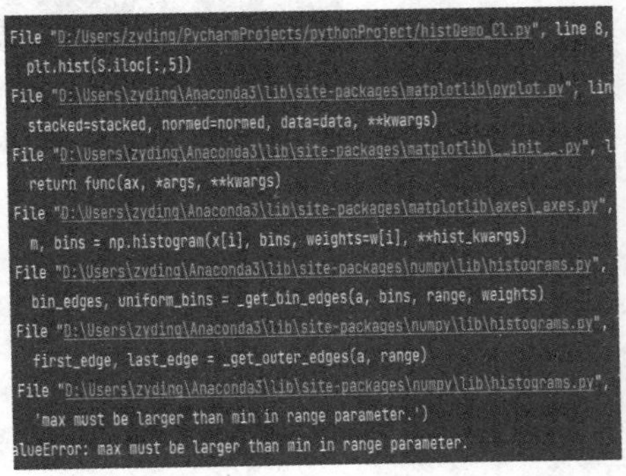

图 4-1　存在缺失值时程序运行会报错

4.2.2 缺失值处理实例

本节通过一个实例，利用 Python 编程，采用均值填充法对缺失数据进行处理。可以看到，对缺失值进行处理之后，程序可以正常输出结果。本例的代码如下：

```python
import pandas as pd
import numpy as np
from sklearn.impute import SimpleImputer
import matplotlib.pyplot as plt
data_url = "train.csv"
df = pd.read_csv(data_url)
imp = SimpleImputer(missing_values =np.nan, strategy = 'mean')
imp.fit(df.iloc[:,5:6])
plt.hist(imp.transform(df.iloc[:,5:6]))
plt.show()
```

首先，使用 SimpleImputer 取出缺失值所在列的数值（Age 字段），再用数据的均值填充空缺列，然后输出数据直方图，如图 4-2 所示。

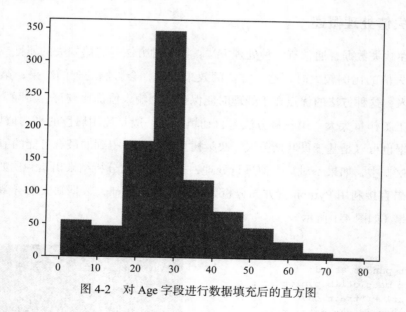

图 4-2　对 Age 字段进行数据填充后的直方图

4.3　噪声数据处理

4.3.1　正态分布噪声数据检测

在正态分布中（如图 4-3 所示），数值分布在（$\mu-\sigma$, $\mu+\sigma$）中的概率为 0.683，数值分布在（$\mu-2\sigma$, $\mu+2\sigma$）中的概率为 0.954，数值分布在（$\mu-3\sigma$, $\mu+3\sigma$）中的概率为 0.997。根据这一结论，可以将分布在（$\mu-3\sigma$, $\mu+3\sigma$）以外的数据称为离群数据。因为它们出现的概率很低，所以可以将其从表中删除，不会影响最终的分析结果。

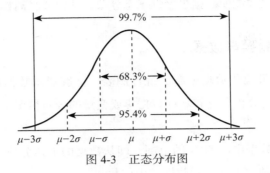

图 4-3　正态分布图

正态分布的离群点检测代码如下：

```
Import numpy as np
import pandas as pd
df=pd.read_csv(data_url)
print(df.isnull().any())
age=df['Age'].values.reshape(-1,1)
from sklearn.impute import SimpleImputer
imp = SimpleImputer(missing_values = np.nan,strategy = 'mean')
imp = imp.fit_transform(age)
df_fillna = df
df_fillna['Age']=imp
print((df_fillna['Age'].isnull().any())+0)
imp_mean=SimpleImputer(missing_values=np.nan,strategy='mean')
imp_mean=imp_mean.fit_transform(age)
df_fillna=df
df_fillna['Age']=imp_mean
mean1 = imp_mean.mean()
b = imp_mean.std()
error = df[np.abs(df['Age']-mean1)>3*b]
print(error)
```

输出结果如表 4-2 所示，表中给出了经正态分布检测后输出的离群点数据。

表 4-2　正态分布检测后的结果

	PassengerId	Survived	Pclass	...	Fare	Cabin	Embarked
96	97	0	1	...	34.6542	A5	C
116	117	0	3	...	7.7500	NaN	Q
493	494	0	1	...	49.5042	NaN	C
630	631	1	1	...	30.0000	A23	S
672	673	0	2	...	10.5000	NaN	S
745	746	0	1	...	74.0000	B22	S
851	852	0	3	...	7.7750	NaN	S

　　从表中可以明显看出离群点，并可以对离群点做以下处理：一是当离群点对分析或建模的影响较小且数据量足够大时，可以将离群点从数据集中移除；二是可以用中位数、均值

等替代离群点，这种做法不会对数据分布产生太大的影响；三是可以尝试对数据进行对数变换、Box-Cox 变换等，这样能使数据更接近正态分布，从而减轻离群点的影响。

4.3.2 用箱线图检测噪声数据

箱线图是一种用于可视化数据分布的统计图表，能够展示数据的中位数、上下四分位数、离群点等信息，从而分析和比较不同数据集或变量的分布情况。箱线图通常由以下几个部分组成：

- 箱体：箱体代表数据中间 50% 的范围，即从数据的下四分位数（Q1）到上四分位数（Q3）。箱体内部的水平线表示数据的中位数。
- 须：须是延伸自箱体的直线，它们表示了数据的分布范围。通常有两个须，一个向上延伸至上四分位数以上的最大值（上限），另一个向下延伸至下四分位数以下的最小值（下限）。须的长度可以帮助识别数据的离群点。
- 离群点：离群点是箱线图中的点，它们代表与数据的主体分布有明显不同的异常值。通常，须之外的数据点被认为是离群点。

图 4-4 给出了箱线图的示例。

在箱线图中，比较重要的是 2 个四分位数：Q1（下四分位数）和 Q3（上四分位数）。四分位数的极差为：

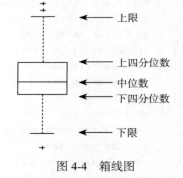

$$IRQ = Q3 - Q1$$

$$max = Q3 + 1.5 * IQR$$

$$min = Q1 - 1.5 * IQR$$

在箱线图中，一个高于或低于 1.5*IQR 的值可以被视为离群点，将其删除即可。

图 4-4 箱线图

箱线图的实现代码如下：

```python
import pandas as pd
import numpy as np
import matplotlib.pyplot as pl
from sklearn.impute import SimpleImputer
data_url = "train.csv"
df = pd.read_csv(data_url)
imp = SimpleImputer(missing_values = np.nan, strategy = 'mean')
imp.fit(df.iloc[:,5:6])
pl.boxplot(imp.transform(df.iloc[:,5:6]))
pl.xlabel('data')
pl.show()
```

代码输出的结果如图 4-5 所示。

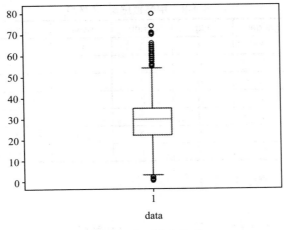

图 4-5 代码输出结果

图 4-5 显示，代码检测出了上下的离群点。

4.4 数据预处理案例实践

4.4.1 问题

本节以天池竞赛中的"测测你的一见钟情指数"问题作为实践案例。这个问题是受哥伦比亚商学院教授 Ray Fisman 和 Sheena Iyengar 联合发表的文章《伴侣选择中的性别差异》（Gender Differences in Mate Selection: Evidence From a Speed Dating Experiment）的启发提出的，目的是利用机器学习对实验数据进行分析，了解内在、外在各类因素对男女相亲结果的影响。Ray Fisman 教授和 Sheena Iyengar 教授在筹备论文时，曾邀请志愿者参加实验。每个志愿者与一名相亲对象快速沟通 4 分钟，然后换下一个相亲对象沟通，沟通时给相亲对象提供一些个人信息，并询问相亲对象给出是否愿意再次见面。

本例的数据集记录了参与实验的志愿者的相关信息及相亲结果。数据集的内容包括志愿者的性别、年龄、人种、专业、地区、收入等特征，以及志愿者对相亲对象所处地区、信仰等方面的预期。

问题要求针对数据集不同字段间的相互影响进行分析，训练一个机器学习模型，预测一个或多个特性对相亲成功与否的影响。也就是说，利用其他特征信息，预测数据集中的"match"字段的结果，1= 成功，0= 不成功。

4.4.2 解决方法

表 4-3 为相亲数据集中的部分数据，完整数据集可从天池竞赛平台下载。下面介绍数据预处理的过程。

表 4-3 相亲数据集（部分）

iid	id	gender	idg	condtn	wave	round	position	positin1
352	12	0	23	2	14	18	12	12
170	13	1	26	2	7	16	15	6
221	8	1	16	2	9	20	8	7
211	18	0	35	2	9	20	7	7
238	5	0	9	1	10	9	7	7
86	11	0	21	2	4	18	7	
175	2	0	3	1	8	10	10	10

首先对缺失值进行检测，代码如下：

```
def missing(data,threshold):
percent_missing = data.isnull().sum() / len(data)
missing = pd.DataFrame({'column_name': data.columns,'
    percent_missing': percent_missing})
missing_show = missing.sort_values(by='percent_missing')
print(missing_show[missing_show['percent_missing']>0].count())
print('-------------------------------')
out = missing_show[missing_show['percent_missing']>threshold]
return out
```

结果检测出部分特征均含有缺失值。根据对相亲情况的分析，考虑到缺失值产生的原因是部分人员未参与接下来的活动，而删除这些缺失值对整体预测无影响，故将这些缺失值删除。

删除对应人员的数据后仍存在部分空值，此时采取众数填充的方法进行填充，代码如下：

```
# 缺失值审查
missing_out = missing(data_1,0)['column_name']
print(missing_out.index)
# 众数填充
for columnname in data_1.columns:
data_1[columnname].fillna(data_1[columnname].mode()[0],inplace=True)
```

然后，对处理好的数据做两轮特征降维，同时兼顾线性和非线性。第一轮针对线性，涉及皮尔逊相关系数矩阵；第二轮做机器学习模型贡献度排序。

```
label = data_1['match']
data_input = data_1.drop(columns = ['match'])
corr = data_1.corr('pearson')
plt.figure(figsize=(18,6))
corr['match'].sort_values(ascending=False)[1:].plot(kind='bar')
plt.tight_layout()
```

特征降维后的输出结果如图 4-6 所示。

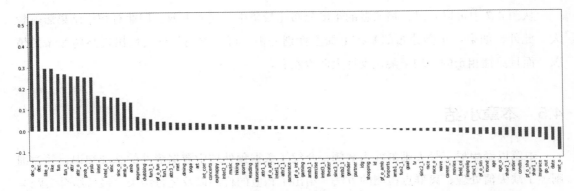

图 4-6　特征降维后的输出结果

最后输出对应的预处理后的数据集，代码如下：

```
# 得到测试集的标准答案
test_pre = ((test_data['dec']+test_data['dec_o'])/2).values
out = pd.DataFrame(np.floor(test_pre))
# 保存处理结果
writer = pd.ExcelWriter('out.xlsx')
out.to_excel(writer)
writer.save()
```

4.4.3　实践结论

对所得结果进行一组连续型单因素分析，主要针对年龄因素采取连续分布图和箱线图的
展示方法。代码如下：

```
def continue_plot(data,col_name,label):
f,ax = plt.subplots(1,2, figsize=(18,6))
sns.distplot(data[data[label] == 1][col_name],ax=ax[0])
sns.distplot(data[data[label] == 0][col_name],ax=ax[0])
plt.legend(['1','0'])
sns.boxplot(y=col_name, x=label , data=data, palette='Set2', ax=ax[1])
```

运行结果如图 4-7 所示。

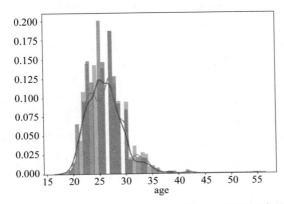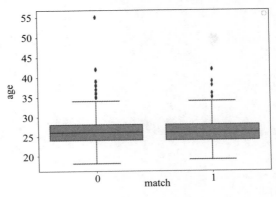

图 4-7　年龄因素的连续分布图及箱线图

从图 4-7 中可以看出，相亲者的年龄分布比较集中。同时专业、职业对相亲结果影响较大。此外，如果在年龄分布的基础上加上性别分析，可以看到部分女性出现高龄相亲的情况，而且男性相亲的平均年龄比女性大两岁左右。

4.5 本章小结

本章以泰坦尼克号灾难事件为案例，介绍了数据预处理中数据清洗的基础知识，并详细阐述了缺失值处理、离群点检测的方法，给出了相应的代码以及运行结果。最后结合实践案例，阐述了数据清洗的完整过程。

第 5 章

数据预处理之转换

数据在不同属性中的表示形式有所不同，可分为标称型数据和数值型数据。标称型数据包括标称类数据和序数类数据，数值型数据包括区间类数据和比率类数据。然而，并非所有类型的数据都能满足数据挖掘模型的要求，数据属性之间的差异可能影响后续数据挖掘模型的优化工作。数据转换能够让数据满足模型的输入要求，消除数据噪声，并使得数据的分布更适合在模型训练步骤中应用优化算法。

5.1 数据的数值化处理

5.1.1 顺序编码

如果数据属性具有 m 个值，将每个原始值唯一地映射到 $[0, m-1]$ 中的一个整数，这就是离散型数据转换为连续型数据的常用方法——顺序编码。例如，输入 " X = [['Male', 1], ['Female', 3], ['Female', 2]]"，这里的输入数据中有两列，说明有两类特征。第一列的取值范围为 ['Female', 'Male']，顺序编码结果为 [0,1]；第二列的取值范围为 [1,2,3]，顺序编码结果为 [0,1,2]。按照这个思路，['Female', 3], ['Male', 1] 的顺序编码分别为 [0,2] 和 [1,0]。

下面给出一个顺序编码的示例，代码如下：

```
import pandas as pd
from sklearn import preprocessing
data_url = "train.csv"
df = pd.read_csv(data_url)
X = df.iloc[:,4:5]
enc = preprocessing.OrdinalEncoder()
y = enc.fit_transform(X)
print(y)
```

代码的运行结果如下：

```
[[1.]
[0.]
```

```
[0.]
...
[0.]
[1.]
[1.]]
```

5.1.2 二进制编码

假设要通过用户的衣服颜色等特征来预测用户的类别，并利用神经网络分类器实现。该分类器的输出可以表示为：$\hat{y} = \text{sign}(w_1x_1 + w_2x_2 + \cdots + w_dx_d - t)$。神经网络分类器的本质是各个特征的线性变换，要求特征是连续的值。颜色属于离散型数据，因此这里需要将离散型数据转换成连续型数据。表 5-1 给出了离散型特征数据。

表 5-1　离散型特征数据

用户 ID	衣服颜色	其他特征	类别标签
1	红色	……	
2	白色	……	
3	黑色	……	
4	……	……	

表 5-2 采用顺序编码将颜色映射为连续整数，0 表示红色，1 表示白色，2 表示黑色。由于整数可以比较大小，会导致默认红色 < 白色 < 黑色的结果，因此不可行。

表 5-2　将颜色映射为连续整数

用户 ID	衣服颜色	其他特征	类别标签
1	0（红色）	……	
2	1（白色）	……	
3	2（黑色）	……	
4	……	……	

二进制编码把 m 个离散类别都变换成二进制数，用 n（ $n = \lceil \log_2 m \rceil$ ）个二元属性来表示这些二进制数。例如，5 种颜色需要三个二元变量 x_1，x_2，x_3。表 5-3 给出了对颜色进行二进制编码的方式。

表 5-3　对颜色进行二进制编码

用户 ID	衣服颜色	其他特征	类别标签
1	000（红色）	……	
2	001（白色）	……	
3	010（黑色）	……	
4	……	……	

综上所述，对于标称类（无序）离散数据的连续化特征构造，通常采用二进制编码方法；对序数类离散数据的连续化特征构造，可以直接用 $[0, m-1]$ 的整数。

（1）独热编码

顺序编码的整数表示是有顺序含义的，然而在大多数整数数据中，数字的大小是没有顺序含义的。例如，1 仅仅代表类别 1，2 仅仅代表类别 2。独热编码，也称为一位有效编码，它使用 N 位状态寄存器来对 N 个状态进行编码，每个状态都有其独立的寄存器位，并且在任何时候，只有一位有效。比如，学历有小学、中学、大学、硕士、博士五种类别，使用独热编码，小学可编码为 [1,0,0,0,0]，中学可编码为 [0,1,0,0,0]，本科可编码为 [0,0,1,0,0]，硕士可编码为 [0,0,0,1,0]，博士可编码为 [0,0,0,0,1]。独热编码的代码如下：

```
import pandas as pd
from sklearn import preprocessing
data_url = "train.csv"
df = pd.read_csv(data_url)
X = df.iloc[:,4:5]
enc = preprocessing.OneHotEncoder()
y = enc.fit_transform(X).toarray()
print(y)
```

运行结果如下：

```
[[0. 1.]
 [1. 0.]
 [1. 0.]
 ...
 [1. 0.]
 [0. 1.]
 [0. 1.]]
```

（2）哑编码

哑编码就是基于数据集的某一特征的 N 个状态值，用 $N-1$ 位编码来表示。对于前面学历的例子，用哑编码方式，小学的编码为 [1,0,0,0]，中学的编码为 [0,1,0,0]，本科的编码为 [0,0,1,0]，硕士的编码为 [0,0,0,1]，博士的编码为 [0,0,0,0]，即用 4 个状态位就可以反映 5 个类别的信息。哑编码的代码如下：

```
import pandas as pd
data_url = "train.csv"
df = pd.read_csv(data_url)
X = df.iloc[:,11:12]
# drop_first = True 为哑编码 ,drop_first = False 为独热编码
y = pd.get_dummies(X,drop_first = True)
print(y)
```

数据集中的 Embarked 列的值有三种：S、C、Q，S 的独热编码为 01，C 的独热编码为 00，Q 的独热编码为 10。

得到运行结果如下：

```
      Embarked_Q   Embarked_S
0              0            1
1              0            0
2              0            1
..           ...          ...
888            0            1
889            0            0
890            1            0
[891 rows x 2 columns]
```

5.2   数据规范化

现实中，数据中不同特征的量纲可能不一致，数值之间的差别很大，如果不进行处理，可能会影响数据分析的结果。因此，数据需要按照一定比例进行缩放，使之落入一个特定的区域，便于进行综合分析。这称为数据规范化，本节将介绍三种数据规范化的方法。

5.2.1   最小－最大规范化

最小－最大规范化是指对原始数据进行线性变换，将数值映射到 [new_max$_A$, new_min$_A$] 区间。最小－最大规范化方法如式（5-1）所示。其中，v 是需要规范的数据，min$_A$ 是属性 A 中的最小值，max$_A$ 是属性 A 中的最大值。

$$v' = \frac{v - \min_A}{\max_A - \min_A}(\text{new\_max} - \text{new\_min}_A) + \text{new\_min}_A \qquad （5-1）$$

最小－最大规范化的代码示例如下所示：

```
from sklearn import preprocessing
data_url = "train.csv"
df = pd.read_csv(data_url)
imp = SimpleImputer(missing_values = np.nan, strategy = 'mean')
imp.fit(df.iloc[:,5:6])
X = imp.transform(df.iloc[:,5:6])
min_max_scaler = preprocessing.MinMaxScaler()
X_train_minmax = min_max_scaler.fit_transform(X)
print(X_train_minmax)
```

运行结果如下所示：

```
[[0.27117366]
 [0.4722292 ]
 [0.32143755]
 ...
 [0.36792055]
 [0.32143755]
 [0.39683338]]
```

5.2.2　z 分数规范化

z 分数规范化也称为标准差规范化，它是目前常用的一种规范化方法。假设经过处理的数据均值为 μ_A，方差为 σ_A，z 分数规范化方法可以用式（5-2）表示：

$$v' = \frac{v - \mu_A}{\sigma_A} \tag{5-2}$$

z 分数规范化的代码示例如下所示：

```python
import pandas as pd
import numpy as np
from sklearn.impute import SimpleImputer
from sklearn import preprocessing
data_url = "train.csv"
df = pd.read_csv(data_url)
imp = SimpleImputer(missing_values = np.nan, strategy = 'mean')
imp.fit(df.iloc[:,5:6])
X = imp.transform(df.iloc[:,5:6])
scaler = preprocessing.scale(X)
print(scaler)
```

运行结果如下所示：

```
[[-0.5924806 ]
 [ 0.63878901]
 [-0.2846632 ]
 ...
 [ 0.        ]
 [-0.2846632 ]
 [ 0.17706291]]
```

5.2.3　小数定标规范化

小数定标规范化是指移动属性 A 数据的小数点位置，移动位数依赖于属性 A 的绝对值的最大值，使得属性中的每个值的绝对值都小于 1。小数定标规范化如式（5-3）所示：

$$v' = \frac{v}{10^j} \tag{5-3}$$

其中，v' 为规范化后的数据，v 为原值，j 为移动位数。

5.3　本章小结

本章介绍了数据预处理过程中的数据转换方法，包括数据数值化和数据规范化。常见的数据数值化方法有顺序编码、二进制编码、独热编码和哑编码，常见的数据规范化方法有最小-最大规范化、z 分数规范化和小数定标规范化。以上方法，均可借助 Python 的 Pandas 库和 Sklearn 库编写代码来实现。

第 6 章
数据预处理之数据降维

前面几章介绍了数据预处理中的数据清洗和数据转换方法，并进行了代码实践。然而，使用上述方法处理的数据有时仍然不能得到很好的分析结果。这是因为，数据的某些特征之间具有较强的关联性，其所表达的含义具有一定的冗余，所以这不仅无法对分析数据有任何助益，反而增加了模型的复杂度和优化模型难度。这种情况在数据维度很高、训练集规模较小的时候更加常见。在这种情况下，需要再进行数据降维处理。

6.1　散点图可视化分析

散点图是指数据点在平面直角坐标系上的分布图。以鸢尾花数据集为例，该数据包括四个维度、三个类别。经过散点图可视化分析，可以发现，在二维情况下不同的特征组合的散点分布，以及不同特征对类别的区分能力。

对鸢尾花数据集进行可视化操作，使用散点图进行绘制，代码如下：

```
# coding=gbk
#  基础函数库
import numpy as np
import pandas as pd
# 绘图函数库
import matplotlib.pyplot as plt
import seaborn as sns
# 我们利用 Sklearn 中自带的 iris 数据作为数据载入，并利用 Pandas 转化为 DataFrame 格式
from sklearn.datasets import load_iris
# 得到数据特征
data = load_iris()
# 得到数据对应的标签
iris_target = data.target
# 利用 Pandas 转化为 DataFrame 格式
iris_features = pd.DataFrame(data=data.data, columns=data.feature_names)
# 利用 .info() 查看数据的整体信息
iris_features.info()
# 合并标签和特征信息
```

```
# 进行浅拷贝，防止对于原始数据的修改
iris_all = iris_features.copy()
iris_all['target'] = iris_target

# 特征与标签组合的散点可视化
sns.pairplot(data=iris_all, diag_kind='hist', hue='target')
plt.show()
```

运行代码绘制出的散点图如图 6-1 所示。

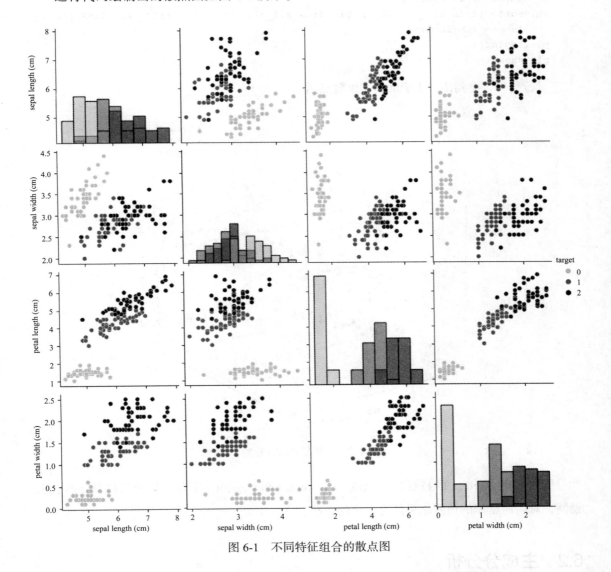

图 6-1　不同特征组合的散点图

为加强可视化效果，这里再提供一种三维的散点图，用于进行可视化分析，代码如下：

```
# 选取其前三个特征绘制三维散点图
from mpl_toolkits.mplot3d import Axes3D
fig = plt.figure(figsize=(10, 8))
```

```
ax = fig.add_subplot(111, projection='3d')
iris_all_class0 = iris_all[iris_all['target'] == 0].values
iris_all_class1 = iris_all[iris_all['target'] == 1].values
iris_all_class2 = iris_all[iris_all['target'] == 2].values
# 'setosa'(0), 'versicolor'(1), 'virginica'(2)
ax.scatter(iris_all_class0[:, 0], iris_all_class0[:, 1], iris_all_class0[:, 2],
    label='setosa')
ax.scatter(iris_all_class1[:, 0], iris_all_class1[:, 1], iris_all_class1[:, 2],
    label='versicolor')
ax.scatter(iris_all_class2[:, 0], iris_all_class2[:, 1], iris_all_class2[:, 2],
    label='virginica')
plt.legend()
plt.show()
```

运行代码，得到图 6-2 所示的三维散点图。

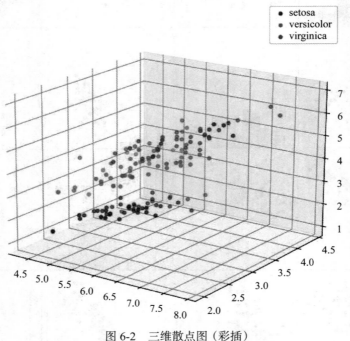

图 6-2　三维散点图（彩插）

可以发现，setosa 的特征边界清晰，versicolor 和 virginica 这两个类别的特征边界比较模糊，对后面建模的预测结果具有一定的影响。

6.2　主成分分析

主成分分析是另一种常用的数据降维技术。这种方法的原理是通过线性变换把数据变换到一个新的坐标系统中，使变换后的数据投影在一组新的坐标轴上的方差最大化。随后，裁剪掉变换后方差很小的坐标轴，剩下的新坐标轴就称为主成分，可用于进一步分析。以鸢尾花数据集为例，可以利用主成分分析法将鸢尾花四个维度的特征降为二维，同时实现在二维平面上的可视化。具体代码如下：

```python
import matplotlib.pyplot as plt
import sklearn.decomposition as dp
from sklearn.datasets.base import load_iris

x,y=load_iris(return_X_y=True) # 加载数据，x 表示数据集中的属性数据，y 表示数据标签

pca=dp.PCA(n_components=2) # 加载 pca 算法，设置降维后主成分数目为 2
reduced_x=pca.fit_transform(x) # 对原始数据进行降维，保存在 reduced_x 中

red_x,red_y=[],[]
blue_x,blue_y=[],[]
green_x,green_y=[],[]

for i in range(len(reduced_x)): # 按鸢尾花的类别将降维后的数据点保存在不同的表中
    if y[i]==0:
        red_x.append(reduced_x[i][0])
        red_y.append(reduced_x[i][1])
    elif y[i]==1:
        blue_x.append(reduced_x[i][0])
        blue_y.append(reduced_x[i][1])
    else:
        green_x.append(reduced_x[i][0])
        green_y.append(reduced_x[i][1])
plt.scatter(red_x,red_y,c='r',marker='x')
plt.scatter(blue_x,blue_y,c='b',marker='D')
plt.scatter(green_x,green_y,c='g',marker='.')
plt.show()
```

经过降维后，最初的四维数据降为二维数据，并可以绘制其散点图。同时，为了与降维前的散点图进行对比，绘制原始数据集中任意二个维度数据的散点图。具体代码如下：

```python
import pandas as pd
import matplotlib.pyplot as plt
data_url = "iris_train.csv"
df = pd.read_csv(data_url)
def mscatter(x, y, ax=None, m=None, **kw):
    import matplotlib.markers as mmarkers
    if not ax: ax = plt.gca()
    sc = ax.scatter(x, y, **kw)
    if (m is not None) and (len(m) == len(x)):
        paths = []
        for marker in m:
            if isinstance(marker, mmarkers.MarkerStyle):
                marker_obj = marker
            else:
                marker_obj = mmarkers.MarkerStyle(marker)
            path = marker_obj.get_path().transformed(
                marker_obj.get_transform())
```

```
        paths.append(path)
    sc.set_paths(paths)
  return sc
x = df.iloc[:,3]
y = df.iloc[:,1]
c = df.iloc[:,4]
m = {0: 's', 1: 'o', 2: 'D', 3: '+'}
cm = list(map(lambda x: m[x], c))
fig, ax = plt.subplots()
scatter = mscatter(x, y, c=c, m=cm, ax=ax, cmap=plt.cm.RdYlBu)
plt.show()
```

利用主成分法降维前后的散点图对比如图 6-3 所示。

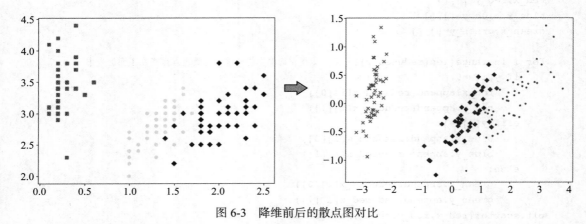

图 6-3　降维前后的散点图对比

可以发现，进行降维后，散点图中各类别的界限更加清晰。根据"数据质量决定模型上限"的原则，降维后，模型的分类能力将更好。

主成分分析法中，新的变量是通过原始变量线性组合而来的。为了更好地理解新变量，可以分析降维后新的变量与原始变量之间的关联关系。下面是进行可视化分析的代码：

```
# 对系数进行可视化
df = pd.read_csv(r'C:\Users\a1362\OneDrive\ 多粒度实验 \iris_train.csv')
df_cm = pd.DataFrame(np.abs(pca.components_), columns=df.columns[:4])
plt.figure(figsize = (12,6))
ax = sns.heatmap(df_cm, annot=True, cmap="BuPu")
# 设置 y 轴的字体的大小
ax.yaxis.set_tick_params(labelsize=15)
ax.xaxis.set_tick_params(labelsize=15)
plt.title('PCA', fontsize='xx-large')
# Set y-axis label
plt.savefig('factorAnalysis.png', dpi=200)
```

图 6-4 给出了降维后各变量关联性的分析。

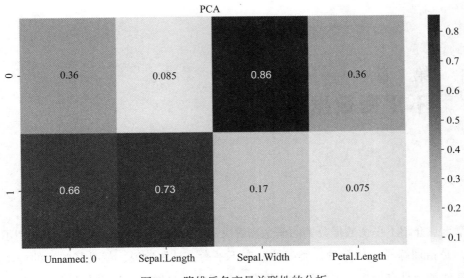

图 6-4　降维后各变量关联性的分析

从图 6-4 可以看出，降维后的第 1 个新变量与原始数据的第 1、3、4 个变量的相关性比较大；降维后的第 2 个变量与原始数据的第 2 个变量的相关性比较大。

6.3　本章小结

本章介绍了数据预处理过程中的数据降维方法，包括散点图和主成分分析法。首先，介绍了散点图在数据相关性分析中的应用，并以鸢尾花数据集为例进行说明，给出了相应的代码和运行结果。最后，实践了主成分分析法，重点说明了降维对数据质量的提升作用。

第 7 章
不平衡数据分类

本章重点介绍不平衡数据分类的概念和解决不平衡数据分类的基本方法。所谓不平衡数据分类，是指训练样本的数量在类间的分布不平衡。具体地说，就是某些类的样本数量远远少于其他类，具有少量样本的类称为稀有类，具有大量样本的类称为大类。俗话说：物以稀为贵，稀有的事物往往能获得人们更多的关注。在实际的模式分类问题中，同样存在稀有类，它们虽然很重要，但是用传统的分类方法难以对其进行正确的分类。当使用传统的机器学习方法解决不平衡数据分类问题时，往往会出现分类器性能大幅度下降的现象，得到的分类器具有很大的偏向性。最常见的表现是稀有类的识别率远远低于大类，导致本属于稀有类的样本被错分到大类。

7.1 不平衡数据分类问题的特征

不平衡数据分类问题中的数据具有许多传统模式分类方法没有考虑到的特征，从而引发了一系列传统模式分类难以解决的问题。

7.1.1 数据稀缺问题

样本分布的不平衡容易导致样本的稀缺。具体地说，稀缺包括绝对稀缺和相对稀缺。绝对稀缺是指稀有类训练样本数量绝对过少，导致该类信息无法通过训练样本充分表示。绝对稀缺类数据的分类错误率要比一般类的数据高出许多。此外，当某类数据过于稀缺时，容易在特征空间中形成小的数据区域，从而引发小区块（Small Disjunct）问题。由于小区块与噪声数据难以区分，因此小区块存在很高的分类错误率。很多分类器为了防止过学习会进行显著性检测。例如，在决策树中，只有覆盖足够多样本的决策规则和关联规则才能被保留下来，而小区块的数据经常无法顺利通这类显著性检测。另外，如果降低检测的阈值，又无法有效地去除噪声。相对稀缺是指稀有类样本的数量并不少，但相比大类，稀有类样本的占比过小。当总样本数量足够多时，相对稀缺不一定会引起分类器性能下降。绝对稀缺导致的稀有类样本分布不集中且数量过少才容易引起分类器性能下降。所以，相对稀缺能通过增加总样本数量来减少数据不平衡对分类器性能的影响，而绝对稀缺则难以解决。

7.1.2　噪声问题

噪声数据不可避免，并会在一定程度上影响分类器性能。但是，对于不平衡分类问题，噪声数据对稀有类的影响更大。稀有类样本的抗噪能力较弱，并且分类器难以区分稀有类样本和噪声数据。但是，由于难以区分噪声数据和稀有类样本，因此很难在保留稀有类的情况下去除噪声。

7.1.3　决策面偏移问题

传统的模式分类方法通常建立在训练样本数量均衡的前提下。当用于解决不平衡分类问题时，它们的分类性能往往有不同程度的下降。基于特征空间决策面进行类别划分的分类器，如支持向量机，其目标是寻找一个最优的决策面。为了降低噪声数据的影响和防止过学习，最优决策面必须兼顾训练分类的准确率和决策面的复杂度，即采用结构风险最小化规则。但是，当数据不平衡时，支持向量的个数也不平衡。在结构最小化原则下，支持向量机会忽略稀有类少量支持向量对结构风险的影响而扩大决策边界，最终导致训练的实际超平面与最优超平面不一致。基于概率估计的分类器（如贝叶斯分类器）的分类准确率依赖于概率分布的准确估计，当稀有类样本过少时，概率估计的准确率将远小于大类，稀有类的识别率也因此下降。对于基于规则的分类器（如决策树和关联规则分类），需要对规则进行筛选。其中，支持度和可信度是规则筛选的重要指标，但是当数据不平衡时，基于上述指标的筛选会变得困难且不合理。在数据不平衡的情况下，传统的分类方法倾向于将稀有类样本划分为大类，通过牺牲稀有类上的准确率来提高总体的准确率，导致决策面的偏移。

7.1.4　评价标准问题

分类器评价标准的科学性直接影响分类器的性能，因为分类器训练的目标是达到最高的评价标准。传统模式分类的评价指标一般是准确率，但是以准确率为评价指标的分类器倾向于影响稀有类的分类效果。而且，以准确率为评价指标没有重视稀有类对分类性能评测的影响。

7.2　重采样方法

重采样方法通过增加稀有类样本数的上采样并减少大类的下采样，使不平衡的样本分布变得比较平衡，从而提高分类器对稀有类样本的识别率。

7.2.1　上采样

上采样（up-sampling）通过增加稀有类训练样本数来降低不平衡程度。原始的上采样方法通过复制稀有类样本来达到增加样本的目的，但是易导致过学习，且对提高稀有类识别率帮助不大。通过插值的方法生成新的稀有类训练样本是一种更高级的上采样方法。

下面是一段上采样的示例代码：

```
import pandas as pd
from imblearn.over_sampling import RandomOverSampler
data_url = "diabetes.csv"
df = pd.read_csv(data_url)
X = df.iloc[:,0:8]
y=df.iloc[:,8]
print(X.info())
print("---------------------")
ros = RandomOverSampler(random_state=0)
X_resampled, y_resampled = ros.fit_resample(X, y)
print(X_resampled.info())
```

代码的运行结果如下：

```
RangeIndex: 768 entries, 0 to 767
Data columns (total 8 columns):
 #   Column                    Non-Null Count   Dtype
---  ------                    --------------   -----
 0   Pregnancies               768 non-null     int64
 1   Glucose                   768 non-null     int64
 2   BloodPressure             768 non-null     int64
 3   SkinThickness             768 non-null     int64
 4   Insulin                   768 non-null     int64
 5   BMI                       768 non-null     float64
 6   DiabetesPedigreeFunction  768 non-null     float64
 7   Age                       768 non-null     int64
```

进行上采样后的数据信息如下：

```
RangeIndex: 1000 entries, 0 to 999
Data columns (total 8 columns):
 #   Column                    Non-Null Count   Dtype
---  ------                    --------------   -----
 0   Pregnancies               1000 non-null    int64
 1   Glucose                   1000 non-null    int64
 2   BloodPressure             1000 non-null    int64
 3   SkinThickness             1000 non-null    int64
 4   Insulin                   1000 non-null    int64
 5   BMI                       1000 non-null    float64
 6   DiabetesPedigreeFunction  1000 non-null    float64
 7   Age                       1000 non-null    int64
```

上采样结果的直方图表示如图 7-1 所示。

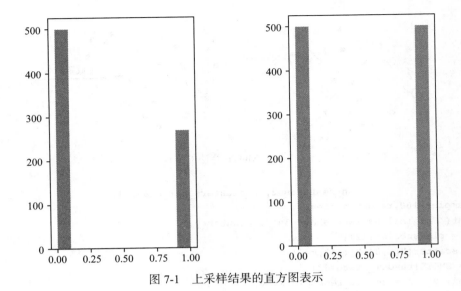

图 7-1　上采样结果的直方图表示

7.2.2　对上采样方法的改进

本节介绍 3 种上采样的改进方法。

1. SMOTE

SMOTE 算法的基本思想是对少数类样本进行分析并根据少数类样本人工合成新样本，再添加到数据集中。算法流程如下：

1）对于少数类中的每一个样本 x，计算该样本点与其他样本点的距离，得到最近的 k 个近邻（即对少数类点应用 KNN 算法）。

2）根据样本不平衡比例设置一个采样比例，以确定采样倍率。对于每一个少数类样本 x，从其 k 近邻中随机选择若干个样本，假设选择的近邻为 x'。

3）对于每一个随机选出的近邻 x'，分别按照如下的公式构建新的样本：

$$x_{\text{new}} = x + \text{rand}(0, 1) \times (x' - x)$$

SMOTE 算法的流程如图 7-2 所示。但是，SMOTE 算法的缺点也十分明显：一方面，增加了类之间重叠的可能性（由于对每个少数类样本都生成新样本，因此容易发生生成样本重叠的问题）；另一方面，会生成一些没有提供有益信息的样本。

调用 Python 库中的 SMOTE 函数可以实现 SMOTE 算法，代码如下：

```
from collections import Counter
from sklearn.datasets import make_classification
from imblearn.over_sampling import SMOTE
import matplotlib.pyplot as plt
X, y = make_classification(n_classes=2, class_sep=2,
                  weights=[0.1, 0.9], n_informative=2, n_redundant=0, flip_y=0,
```

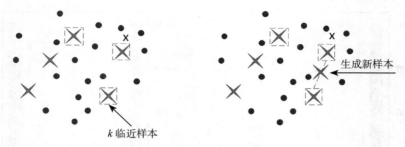

图 7-2　SMOTE 算法的流程

```
                    n_features=2, n_clusters_per_class=1,
n_samples=100,random_state=10)
print('Original dataset shape %s' % Counter(y))
ax1 = plt.subplot(121)
plt.scatter(X[:,0],X[:,1],c=y)
sm = SMOTE(random_state=42)
X_res, y_res = sm.fit_resample(X, y)
print('Resampled dataset shape %s' % Counter(y_res))
ax2 = plt.subplot(122)
plt.scatter(X_res[:,0],X_res[:,1],c=y_res)
plt.show()
```

代码的运行结果如下：

```
Original dataset shape Counter({1: 90, 0: 10})
Resampled dataset shape Counter({1: 90, 0: 90})
```

运行结果的散点图如图 7-3 所示。

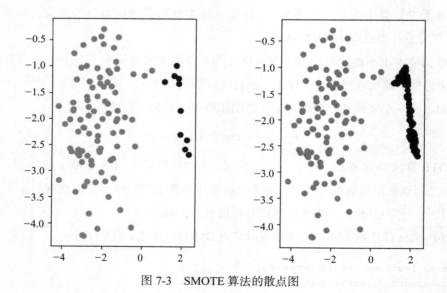

图 7-3　SMOTE 算法的散点图

运行结果的直方图如图 7-4 所示。

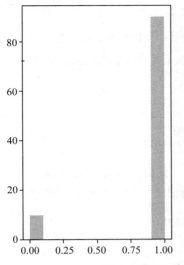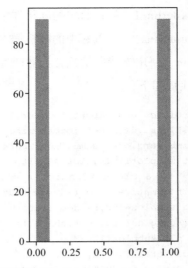

图 7-4　SMOTE 算法的直方图

2. SMOTE 算法的改进：Borderline-SMOTE

Borderline-SMOTE 算法与原始 SMOTE 算法的不同之处在于，原始的 SMOTE 算法是对所有少数类样本生成新样本，而改进的方法则是先根据规则判断出少数类的边界样本，再对这些样本生成新样本。

判断边界样本的一个简单的规则为：k 近邻中有一半以上多数类样本的少数类为边界样本。也就是说，只为那些周围大部分是多数类样本的少数类样本生成新样本。如图 7-5 所示，假设 a 为少数类中的一个样本，此时少数类的样本分为三类：

1）噪声样本：该少数类的所有最近邻样本都来自不同于样本 a 的其他类别。

2）危险样本：至少一半的最近邻样本来自同一类（与 a 的类别不同）。

3）安全样本：所有的最近邻样本都来自同一个类。

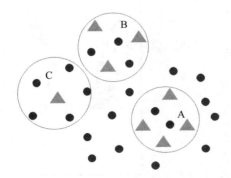

•A 为安全样本类，即临近样本中超过一半为少数类别样本

•B 为危险样本类，即临近样本中一半为多数类别样本

•C 为噪声样本类，即临近样本中全部为多数类别样本

图 7-5　少数类样本的分类

SMOTE 函数中的 kind 参数控制选择哪种规则：

1）borderline1：最近邻中的随机样本与该少数类样本 a 来自不同的类。

2）borderline2：最近邻中的随机样本可以是属于任何一个类的样本。

3）svm：使用支持向量机分类器产生支持向量，然后再生成新的少数类样本。

具体实现如下：

```
from collections import Counter
from sklearn.datasets import make_classification
from imblearn.over_sampling import BorderlineSMOTE
import matplotlib.pyplot as plt
X, y = make_classification(n_classes=2, class_sep=2,weights=[0.2, 0.8], n_
    informative=2, n_redundant=0, flip_y=0,n_features=2, n_clusters_per_class=1,
    n_samples=100,random_state=9)
print('Original dataset shape %s' % Counter(y))
ax1 = plt.subplot(121)
plt.scatter(X[:,0],X[:,1],c=y)
sm =  BorderlineSMOTE(random_state=42,kind="borderline-1")
X_res, y_res = sm.fit_resample(X, y)
print('Resampled dataset shape %s' % Counter(y_res))
ax2 = plt.subplot(122)
plt.scatter(X_res[:,0],X_res[:,1],c=y_res)
plt.show()
```

运行结果如下：

```
Original dataset shape Counter({1: 80, 0: 20})
Resampled dataset shape Counter({1: 80, 0: 80})
```

运行结果的散点图如图 7-6 所示。

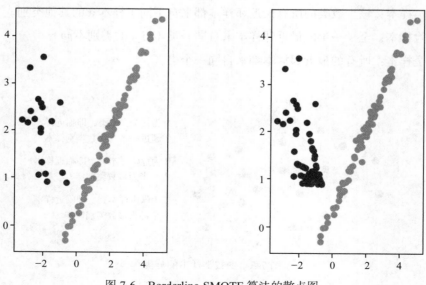

图 7-6　Borderline-SMOTE 算法的散点图

运行结果的直方图如图 7-7 所示。

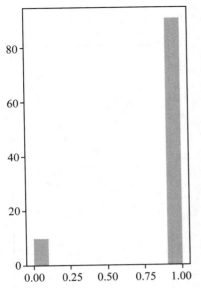 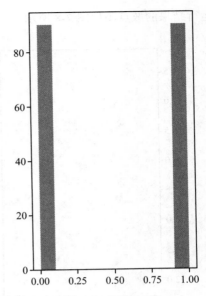

图 7-7　Borderline-SMOTE 算法的直方图

3. ADASYN

ADASYN 方法的主要思想是根据数据的分布情况为少数类样本生成不同数量的新样本。首先，根据最终的平衡程度设定总共需要生成多少个新少数类样本，然后为每个少数类样本 x 计算分布比例。

可以使用 Python 库中的函数 ADASYN 来实现这一思想，代码如下：

```
from collections import Counter
from sklearn.datasets import make_classification
from imblearn.over_sampling import ADASYN
import matplotlib.pyplot as plt
X,y=make_classification(n_classes=2, class_sep=2,weights=[0.2, 0.8], n_
    informative=3, n_redundant=1, flip_y=0,n_features=20, n_clusters_per_class=1,
    n_samples=100,random_state=10)
print('Original dataset shape %s' % Counter(y))
ax1 = plt.subplot(121)
plt.scatter(X[:,0],X[:,1],c=y)
ada =ADASYN(random_state=42)
X_res, y_res = ada.fit_resample(X, y)
print('Resampled dataset shape %s' % Counter(y_res))
ax2 = plt.subplot(122)
plt.scatter(X_res[:,0],X_res[:,1],c=y_res)
plt.show()
```

运行结果如下：

```
Original dataset shape Counter({1: 80, 0: 20})
Resampled dataset shape Counter({1: 80, 0: 80})
```

运行结果的散点图如图 7-8 所示。

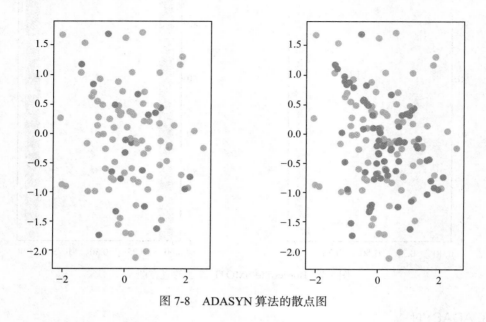

图 7-8   ADASYN 算法的散点图

运行结果的直方图如图 7-9 所示。

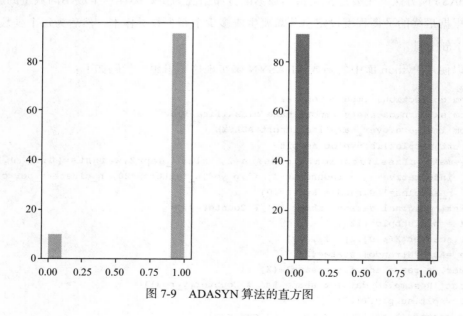

图 7-9   ADASYN 算法的直方图

7.2.3   下采样

下采样（down-sampling）是指通过舍弃部分大类样本来降低数据分布的不平衡程度。下面给出下采样的示例代码：

```
import pandas as pd
from imblearn.under_sampling import RandomUnderSampler
data_url = "diabetes.csv"
df = pd.read_csv(data_url)
X = df.iloc[:,0:8]
y=df.iloc[:,8]
print(X.info())
print("--------------------")
ros = RandomUnderSampler(random_state=0,replacement=True)
X_resampled, y_resampled = ros.fit_resample(X, y)
print(X_resampled.info())
```

未运行下采样代码之前的数据信息如下：

#	Column	Non-Null Count	Dtype
0	Pregnancies	768 non-null	int64
1	Glucose	768 non-null	int64
2	BloodPressure	768 non-null	int64
3	SkinThickness	768 non-null	int64
4	Insulin	768 non-null	int64
5	BMI	768 non-null	float64
6	DiabetesPedigreeFunction	768 non-null	float64
7	Age	768 non-null	int64

进行下采样后的数据信息如下：

#	Column	Non-Null Count	Dtype
0	Pregnancies	536 non-null	int64
1	Glucose	536 non-null	int64
2	BloodPressure	536 non-null	int64
3	SkinThickness	536 non-null	int64
4	Insulin	536 non-null	int64
5	BMI	536 non-null	float64
6	DiabetesPedigreeFunction	536 non-null	float64
7	Age	536 non-null	int64

运行结果的直方图如图 7-10 所示。

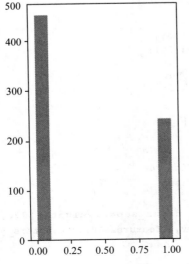
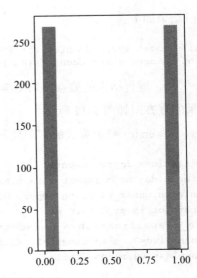

图 7-10　下采样的直方图

7.2.4 对下采样方法的改进

本节介绍几种下采样的改进方法。

1. NearMiss

NearMiss 方法首先计算出每个样本点之间的距离，通过一定的规则来选取要保留的多数类样本点。因此，该方法的计算量很大。

NearMiss 方法可使用 Python 库中的 NearMiss 函数来实现，并通过 version 参数来选择使用的规则：

1）NearMiss-1（version=1）：选择离 N 个近邻的负样本的平均距离最小的正样本。

2）NearMiss-2（version=2）：选择离 N 个负样本最远的平均距离最小的正样本。

3）NearMiss-3（version=3）：一个两段式的算法。首先，对于每一个负样本，保留它们的 M 个近邻样本；然后，选择到 N 个近邻样本平均距离最大的正样本。

NearMiss-1（version=1）的实现代码如下：

```
from collections import Counter
from sklearn.datasets import make_classification
from imblearn.under_sampling import NearMiss
import matplotlib.pyplot as plt
X,y=make_classification(n_classes=2, class_sep=2,weights=[0.2, 0.8], n_
    informative=2, n_redundant=0, flip_y=0,n_features=2, n_clusters_per_class=1,
    n_samples=100,random_state=10)
print('Original dataset shape %s' % Counter(y))
ax1 = plt.subplot(121)
plt.scatter(X[:,0],X[:,1],c=y)
nm1 = NearMiss(version=1)
X_resampled_nm1, y_resampled = nm1.fit_resample(X, y)
print('Resampled dataset shape %s' % Counter(y_resampled))
ax2 = plt.subplot(122)
plt.scatter(X_resampled_nm1[:,0],X_resampled_nm1[:,1],c=y_resampled)
plt.show()
```

代码运行结果如下：

```
Original dataset shape Counter({1: 80, 0: 20})
Resampled dataset shape Counter({0: 20, 1: 20})
```

Version=1 时，运行结果的散点图如图 7-11 所示。

运行结果的直方图如图 7-12 所示。

NearMiss-2（version=2）算法的实现代码如下：

```
from collections import Counter
from sklearn.datasets import make_classification
from imblearn.under_sampling import NearMiss
import matplotlib.pyplot as plt
X,y=make_classification(n_classes=2, class_sep=2,weights=[0.2, 0.8], n_
    informative=3, n_redundant=1, flip_y=0,n_features=20, n_clusters_per_class=1,
    n_samples=100,random_state=10)
```

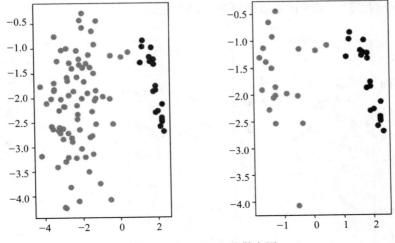

图 7-11　NearMiss-1 的散点图

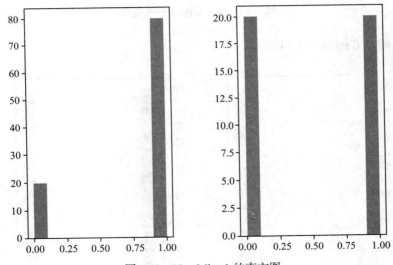

图 7-12　NearMiss-1 的直方图

```
print('Original dataset shape %s' % Counter(y))
ax1 = plt.subplot(121)
plt.scatter(X[:,0],X[:,1],c=y)
nm1 = NearMiss(version=2)
X_resampled_nm1, y_resampled = nm1.fit_resample(X, y)
print('Resampled dataset shape %s' % Counter(y_resampled))
ax2 = plt.subplot(122)
plt.scatter(X_resampled_nm1[:,0],X_resampled_nm1[:,1],c=y_resampled)
plt.show()
```

代码的运行结果如下：

```
Original dataset shape Counter({1: 80, 0: 20})
Resampled dataset shape Counter({0: 20, 1: 20})
```

Version=2 时，运行结果的散点图如图 7-13 所示。

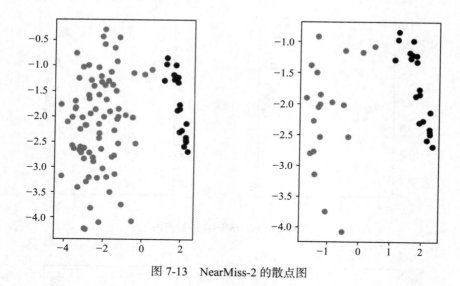

图 7-13　NearMiss-2 的散点图

运行结果的直方图如图 7-14 所示。

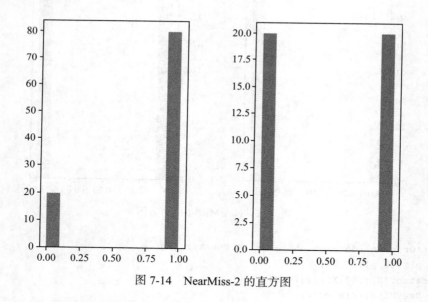

图 7-14　NearMiss-2 的直方图

Version=3 时，运行结果的散点图如图 7-15 所示。

运行结果的直方图如图 7-16 所示。

2. CNN

CNN 算法使用 1 近邻方法来进行迭代，从而判断一个样本是应该保留还是剔除。该算法的实现步骤如下：

1）集合 C 是开始时包含所有的少数类样本的一个集合。

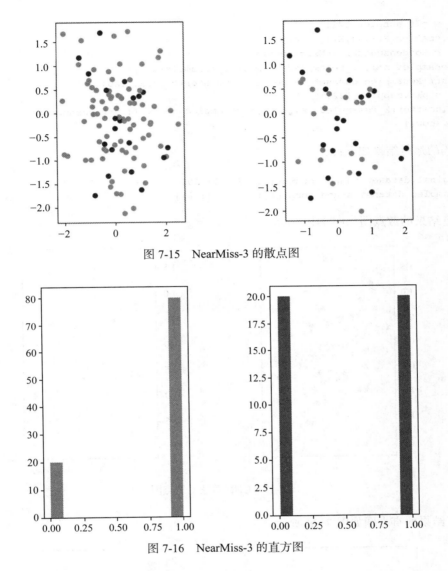

图 7-15　NearMiss-3 的散点图

图 7-16　NearMiss-3 的直方图

2）选择一个多数类样本（需要下采样）加入集合 C，其他的这类样本放入集合 S。

3）使用集合 S 训练一个 1NN 的分类器，对集合 S 中的样本进行分类。

4）将集合 S 中错分的样本加入集合 C。

5）重复步骤 2）～ 4），直到没有样本再加入到集合 C 为止。

CNN 算法的代码如下：

```
from collections import Counter
from sklearn.datasets import make_classification
from imblearn.under_sampling import CondensedNearestNeighbour
import matplotlib.pyplot as plt
X,y=make_classification(n_classes=2, class_sep=2,weights=[0.1, 0.9], n_
    informative=3, n_redundant=1, flip_y=0,n_features=20, n_clusters_per_class=1,
    n_samples=100,random_state=10)
print('Original dataset shape %s' % Counter(y))
```

```
ax1 = plt.subplot(121)
plt.scatter(X[:,0],X[:,1],c=y)
nm1 = CondensedNearestNeighbour()
X_resampled_nm1, y_resampled = nm1.fit_resample(X, y)
print('Resampled dataset shape %s' % Counter(y_resampled))
ax2 = plt.subplot(122)
plt.scatter(X_resampled_nm1[:,0],X_resampled_nm1[:,1],c=y_resampled)
plt.show()
```

代码的运行结果如下：

```
Original dataset shape Counter({1: 90, 0: 10})
Resampled dataset shape Counter({0: 10, 1: 8})
```

运行结果的散点图如图 7-17 所示。

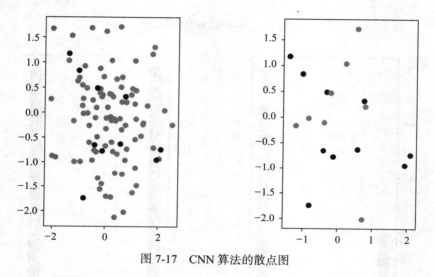

图 7-17　CNN 算法的散点图

运行结果的直方图如图 7-18 所示。

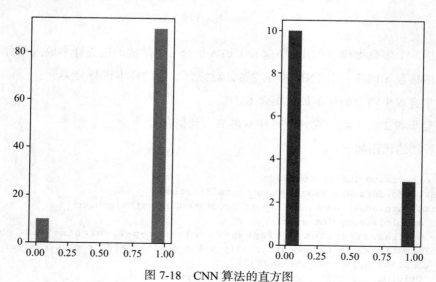

图 7-18　CNN 算法的直方图

7.2.5　不平衡问题的其他处理方式

除了上面介绍的上采样与下采样的方法之外，还可以将多种方法组合使用来解决不平衡问题。另外，可以通过为不同样本点赋予不同权重的方式来处理不平衡问题（与改进损失函数的方式类似）。在算法层面，除了对算法本身的改进之外，还需要关注模型的评价指标，以确认使用的方法是否有效。

7.3　不平衡数据分类实践

本实践案例采用 DataCastle 数据竞赛平台中的员工离职问题，相关的员工离职预测数据集已在第 1 章中详细介绍过。

在进行模型训练之前，需要对训练数据集进行数据清洗、数据转换、特征工程等操作。其中，训练集中"离职"的样本远远少于"在职"的样本，故利用上采样方法来丰富训练集，增加训练样本。具体的代码如下：

```
X = train.loc[:,train.columns != "Label"]
y = train['Label']
print(y.value_counts())
sm = BorderlineSMOTE(random_state=42,kind="borderline-1")
X, y = sm.fit_resample(X,y)
print(y.value_counts())
```

代码的运行结果如下：

```
0    922
1    178
Name: Label, dtype: int64
0    922
1    922
Name: Label, dtype: int64
```

测试准确率的代码如下：

```
clf=RandomForestClassifier(n_estimators=100)
scores=cross_val_score(clf,Xtrain,Ytrain.values.ravel(),cv=10)
print(scores)
print("Mean accuracy is {}".format(np.mean(scores)))
```

对数据集进行特征工程操作，但不进行数据上采样操作，得到的测试准确率如下：

```
[0.88181818 0.82727273 0.84545455 0.82727273 0.88181818 0.84545455
 0.84545455 0.87272727 0.87272727 0.85454545]
Mean accuracy is 0.8554545454545455
```

对数据集进行特征工程操作，同时进行数据上采样操作，得到的测试准确率如下：

```
[0.75675676 0.73513514 0.99459459 0.96756757 0.97826087 0.97826087
 0.98913043 0.97826087 0.98369565 0.97826087]
Mean accuracy is 0.9339923619271444
```

7.4   本章小结

重采样在一些数据集上取得了不错的效果，在进行数据挖掘的数据工程中对于正负样本不平衡的数据集有明显的作用。但是，这类方法也存在一些缺陷，上采样方法不增加新的数据，只是重复或者增加人工生成的稀有类样本，这样便增加了训练时间。甚至由于这些重复或是周围生成的新的稀有类样本，导致分类器过分注重这些样本，从而造成过学习。上采样不能从根本上解决稀有类样本缺失和数据表示不充分性的问题。而下采样在去除大类样本时，容易去除重要的样本信息。针对朴素贝叶斯的上采样和下采样方法的改进算法能够有效解决上述部分问题，使特征工程中的数据集效果更好。

　　线性回归是一种以线性模型来建模自变量与因变量关系的方法。通常来说，当自变量只有一个时，称为简单线性回归；当自变量大于一个时，称为多元线性回归。在线性回归模型中，模型的未知参数由数据中估计得到，最常用的拟合方法是最小二乘法。线性回归是应用最广泛的回归分析方法之一，主要有以下两类用途：1）线性回归可以在拟合到已知数据集后用于预测自变量所对应的因变量；2）线性回归可以用于量化因变量与自变量之间关系的强度。

8.1　线性回归

　　本节通过一些简单的例子来介绍如何应用线性回归模型来解决问题。

8.1.1　一元线性回归

　　线性回归假设特征数据和结果满足线性关系。假设有 n 组数据，自变量与因变量之间线性相关，它们之间的关系为：

$$y = ax + b$$

　　根据上面这个一元线性方程，在确定 a、b 的情况下，给定一个 x 值，就能够得到一个确定的 y 值。通常，根据上式预测的 y 值与实际的 y 值会存在一个误差，a、b 为参数或称回归系数。

　　【例】从某大学中随机选出 8 名女大学生，其身高和体重数据如表 8-1 所示。

表 8-1　身高和体重数据表

编号	1	2	3	4	5	6	7	8
身高（cm）	165	165	157	170	175	165	155	170
体重（kg）	48	57	50	54	64	61	43	59

　　请根据表 8-1 找到由女大学生的身高预测其体重的回归方程，并预测一名身高为 172cm

女大学生的体重。

　　根据表 8-1 分析可知，身高 x 为自变量，体重 y 为因变量。对表中数据利用 SPSS 等工具进行回归分析，得出结果如图 8-1 所示。

系数 a

模型	未标准化系数		标准化系数	t	显著性
	B	标准误差	Beta		
（常量）	−85.712	43.189		−1.985	0.094
身高	0.848	0.261	0.798	3.249	0.017

a. 因变量：体重

图 8-1　身高体重的线性回归系数

　　根据前面介绍的公式，结合分析结果，可以得出关系式为：

$$y = 0.848x - 85.712$$

　　因此，可以得到线性回归关系图，如图 8-2 所示。

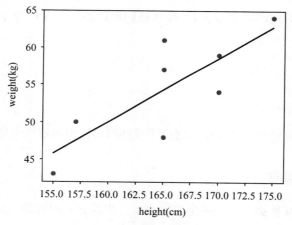

图 8-2　身高和体重的线性回归关系图

　　在回归模型中，自变量 t 所对应的 P 值 0.017 小于显著性水平 0.05，说明相关系数非常显著，因此可用于预测新数据。由此，求得身高为 172cm 的女大学生的体重为：

$$\hat{y} = 0.848 * 172 - 85.712 = 60.144\text{kg}$$

上述预测可以使用代码来实现，代码如下：

```python
import numpy as np
import matplotlib.pyplot as plt
from sklearn import datasets, linear_model
data=np.array([[165, 48],[165, 57],
               [157, 50],[170, 54],
               [175, 64],[165, 61],
               [155, 43],[170, 59]])
```

```
# 从 data 中提取出身高和体重，分别存放在 x,y 变量中
x,y=data[:,0].reshape(-1,1),data[:,1]
# 实例化一个线性回归的模型
reg = linear_model.LinearRegression()
# 在 x,y 上训练一个线性回归模型。 如果训练顺利，则 reg 会存储训练完成之后的结果模型
reg.fit(x, y)
print(reg.coef_)
print(reg.intercept_)
```

运行代码，可以得到对应的权重和截距分别为 0.848、−85.712，与实际计算值一致。

8.1.2　多元线性回归

多元线性回归是一元回归的拓展，即一个因变量由多个自变量决定。多元线性回归模型的假设如下：

- H0：自变量对因变量没有影响。
- H1：至少一个或一个以上的自变量对因变量有影响。

多元线性回归方程的一般形式为（以三元为例）：

$$h_\theta(x) = \theta_0 + \theta_1 x_1 + \theta_2 x_2 + \theta_3 x_3 + \theta_4$$

多元线性回归的函数图像如图 8-3 所示。

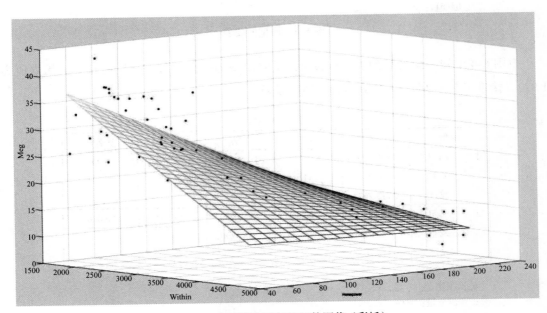

图 8-3　多元线性回归的函数图像（彩插）

【例】某种水泥凝固时释放的热量 y 与 3 种化学成分 $x1$、$x2$、$x3$ 有关。请利用回归分析观察自变量与因变量的关系（$\alpha = 0.05$），相关数据如表 8-2 所示。

表 8-2　化学成分与释放热量的数据关系

$x1$	$x2$	$x3$	y	$x1$	$x2$	$x3$	y
7	26	60	78.5	1	31	44	72.5
1	29	52	74.3	2	54	22	93.1
11	56	60	104.3	21	47	26	115.9
11	31	47	87.6	1	40	34	83.8
7	52	33	95.9	11	66	12	113.3
11	55	22	109.2	10	68	12	109.4
3	71	6	102.7				

假设：

- H0：三个自变量 $x1$、$x2$、$x3$ 对因变量 y 没有影响。
- H1：至少有一个自变量对 y 有显著影响。

对上述数据利用 SPSS 工具进行多元线性回归分析，得出结果如图 8-4 至图 8-6 所示。

模型摘要[c]

模型	R	R^2	调整后 R^2	标准估算的误差	德宾－沃森
1	0.816[a]	0.666	0.636	9.0771	
2	0.989[b]	0.979	0.974	2.4063	1.922

a. 预测变量：常量，$x2$
b. 预测变量：常量，$x2$，$x1$
c. 因变量：y

图 8-4　模型摘要表

由图 8-4 可知，调整后的 R^2 为 0.974，说明模型的拟合度较好，同时德宾－沃森值为 1.922，接近于 2，说明残差序列自相关性不显著。

ANOVA[a]

	模型	平方和	自由度	均方	F	显著性
1	回归	1809.427	1	1809.427	21.961	0.001[b]
	残差	906.336	11	82.394		
	总计	2715.763	12			
2	回归	2657.859	2	1328.929	229.504	0.000[c]
	残差	57.904	10	5.790		
	总计	2715.763	12			

a. 因变量：y
b. 预测变量：常量，$x2$
c. 预测变量：常量，$x2$，$x1$

图 8-5　方差分析表

由图 8-5 可知，模型 2 的 F 值为 229.504，显著性的 P 值为 0.000<0.05，可以推断此模型是一个有显著意义的回归模型。

系数 a

模型		未标准化系数		标准化系数	t	显著性	共线性统计	
		B	标准误差	Beta			容差	VIF
1	（常量）	57.424	8.491		6.763	0.000		
	x2	0.789	0.168	0.816	4.686	0.001	1.000	1.000
2	（常量）	52.577	2.286		22.998	0.000		
	x2	0.662	0.046	0.685	14.442	0.000	0.948	1.055
	x1	1.468	0.121	0.574	12.105	0.000	0.948	1.055

a. 因变量：y

图 8-6　系数表

采用逐步线性回归分析，由图 8-6 可知，自变量 $x1$、$x2$ 的 t 值所对应的 P 值都小于显著性水平 0.05，可以推断这些自变量对因变量 y 有显著影响，且这些自变量对应的 VIF 值均小于 10，说明它们之间不存在多重共线性问题。

综上所述，$x1$、$x2$ 这两个自变量对因变量 y 有显著影响，且 $x1$ 的系数为 1.468，$x2$ 的系数为 0.662，常数项为 52.577，故最终的线性回归方程为：

$$y = 52.577 + 1.468x1 + 0.662x2$$

8.2　回归分析检测

8.2.1　正态分布可能性检测

数据服从正态分布是很多分析方法的前提条件。在进行方差分析、回归分析等分析前，首先要对数据的正态性进行分析，确保方法正确。如果数据不满足正态性，则需要考虑使用其他方法或对数据进行处理。检验数据是否服从正态分布，主要有图示法、统计检验法和描述法三种方法。描述法通过描述数据偏度和峰度系数来检验数据的正态性。从理论上讲，标准正态分布的偏度和峰度均为 0，但现实中的数据常常无法满足标准正态分布，如果峰度绝对值小于 10 并且偏度绝对值小于 3，这时数据虽然不是绝对正态，但基本可视为正态分布。

偏度（Skewness）用来度量随机变量概率分布的不对称性。计算公式如下：

$$S = \frac{1}{n} \sum_{i=1}^{n} \left[\left(\frac{X_i - \mu}{\sigma} \right)^3 \right]$$

其中，μ 是均值，σ 是标准差。偏度的取值范围为 $(-\infty, +\infty)$，当 $S<0$ 时，概率分布图左偏；$S=0$ 时，表示数据相对均匀地分布在平均值两侧，但不一定呈绝对对称分布；$S>0$ 时，概率分布图右偏。

峰度（Kurtosis）用来度量随机变量概率分布的陡峭程度。计算公式如下：

$$K = \frac{1}{n} \sum_{i=1}^{n} \left[\left(\frac{X_i - \mu}{\sigma} \right)^4 \right]$$

其中，μ 是均值，σ 是标准差。峰度的取值范围为 $(1, +\infty)$。标准正态分布的峰度为 3，因此在计算时通常将峰度值减去 3，使得正态分布的峰度值等于 0，这也被称为超值峰度。当 $K>0$ 时，表示数据分布与正态分布相比较为高尖；当 $K<0$ 时，表示数据分布与正态分布相比较为矮胖。

例如，图 8-7 给出了预测的 PM2.5 值的正态分布可能性检测，可以看出，偏度是右偏的，峰度在 4.9 左右，与正态分布差距较大。

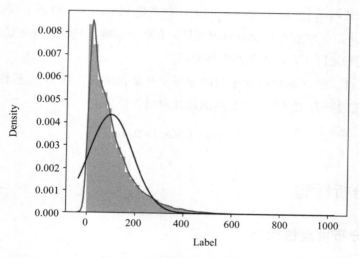

图 8-7   PM2.5 值的正态分布

8.2.2   线性分布可能性检测

probplot 函数是一种检验样本概率分布的方法，它可以用于为数据计算最佳拟合（best-fit）线，得出当前样本最可能的线性分布，并使用 plt 函数或给定的绘图函数将结果展示出来，从而直观地检查数据是否满足某种分布。该函数的使用方法如下：

```
fig=plt.figure()
res=stats.probplot(train['PM2.5'],plot=plt)# 默认检测是正态分布
plt.show()
```

例如，预测的 PM2.5 值的线性分布可能性检测如图 8-8 所示。其中，红色线（细线）表示正态分布，蓝色线（粗线）表示样本数据，粗线越接近细线，说明越符合预期分布。从图 8-8 可以直观地看到，线性拟合程度并不好。

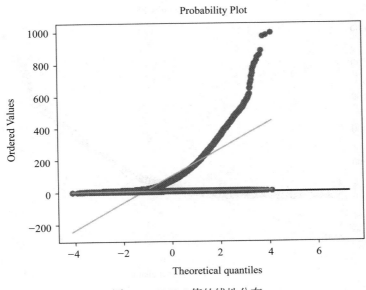

图 8-8　PM2.5 值的线性分布

8.2.3　log 转换后的分布

在一些数据处理中，经常会对原始数据进行 log 转换，这样做一方面是因为对数函数在其定义域内为单调增函数，取对数后不会改变数据间的相对关系；另一方面，log 转换后的数据分布更加逼近正态分布。由图 8-9 可知，预测的 Label(PM2.5) 值的正态分布是右偏的，当对数据进行 log 变换后，可以发现数据与随机正态分布数据呈现线性相关性（如图 8-10 所示），说明 log 转换后的数据更加接近正态分布。

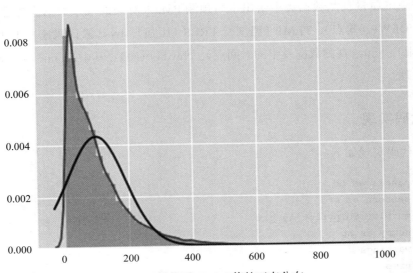

图 8-9　转换后 PM2.5 值的正态分布

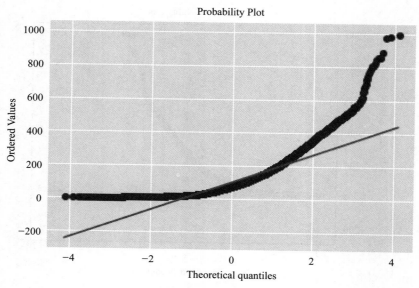

图 8-10 转换后 PM2.5 值的线性分布

8.3 回归预测案例实践

8.3.1 案例背景

随着科技的进步，人们的生活质量逐步提高，同时，人们对空气污染问题日益关注。在本节中，将针对近几年 PM2.5 的观测数据做出回归分析，建立回归模型，并利用已知信息进行预测，做出空气质量预警。

PM2.5 空气质量预测数据集中给出了与预测 PM2.5 有关的气象数据。考虑使用的预测变量包括：DEWP（露点）、TEMP（温度）、PRES（压强）、Iws（累计风速）、Is（累积降雪）、Ir（累积降雨）、hour（观测数据发生的时间点）、cbwd（风向）。其中，hour 与 cbwd 应当作为类别变量处理。

8.3.2 代码实现

本例的代码实现如下：

```
import pandas as pd
import seaborn as sns
import matplotlib.pyplot as plt
import numpy as np
import warnings
import time
```

```python
# 忽略可能出现的 warning
warnings.filterwarnings('ignore')

# 导入训练测试数据
train_csv ='trainOX.csv'
train_data = pd.read_csv(train_csv)
test_csv ='test_noLabelOX.csv'
test_data = pd.read_csv(test_csv)
train_data.head(10)
train_data.isnull().sum() # 非空数据的总数

# 获取年月日等事件信息
def getYear(dt):
    t = time.strptime(dt,'%Y-%m-%d')
    return t.tm_year
def getMonth(dt):
    t = time.strptime(dt,'%Y-%m-%d')
    return t.tm_mon
def getDay(dt):
    t = time.strptime(dt,'%Y-%m-%d')
    return t.tm_mday
def getWeek(dt):
    t = time.strptime(dt,'%Y-%m-%d')
    return t.tm_wday
train_data['year']=train_data['date'].apply(getYear)
train_data['month']=train_data['date'].apply(getMonth)
train_data['day']=train_data['date'].apply(getDay)
train_data['week']=train_data['date'].apply(getWeek)
test_data['year']=test_data['date'].apply(getYear)
test_data['month']=test_data['date'].apply(getMonth)
test_data['day']=test_data['date'].apply(getDay)
test_data['week']=test_data['date'].apply(getWeek)

# 输出正态图像及偏度、峰度
from scipy.stats import norm
sns.distplot(train_data['Label'], fit=norm)
print("Skewness: %f" % train_data['Label'].skew())
print("Kurtosis: %f" % train_data['Label'].kurt())
```

输出结果如图 8-11 所示（输出打印结果如表 8-3 所示）：

```python
# 检验样本数据概率分布，粗线越接近细线，越符合预期分布
from scipy import stats
fig = plt.figure()
res = stats.probplot(train_data['Label'], plot=plt)
train_data[train_data['Label']==0].head(10)
```

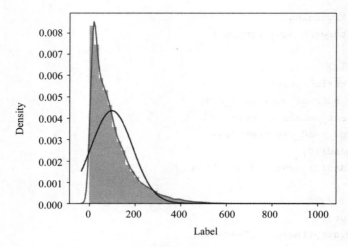

图 8-11   正态分布

表 8-3   峰度、偏度

Skewness	1.811953
Kurtosis	4.915487

输出结果如图 8-12 所示:

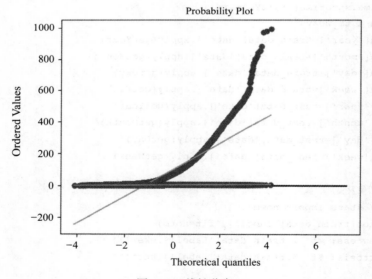

图 8-12   线性分布

```
# 做 log 转换, 输出偏度、峰度
train_data = train_data.drop(train_data[train_data['Label'] == 0].index)
train_data['Label_log'] = np.log(train_data['Label'])
sns.distplot(train_data['Label_log'], fit=norm);
print("Skewness: %f" % train_data['Label_log'].skew())
print("Kurtosis: %f" % train_data['Label_log'].kurt())
res = stats.probplot(train_data['Label_log'], plot=plt)
```

输出结果如图 8-13 所示（输出打印结果如表 8-4 所示）：

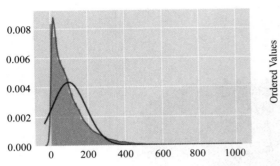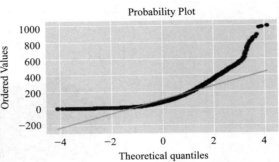

图 8-13　log 转换后正态、线性分布

表 8-4　转换后的偏度、峰度

Skewness	−0.364670
Kurtosis	−0.535320

```
# 与 DEWP 合并，画散点图
var = 'DEWP'
data = pd.concat([train_data['Label_log'], train_data[var]], axis=1)
data.plot.scatter(x=var, y='Label_log', ylim=(0, 10));
```

输出结果如图 8-14 所示：

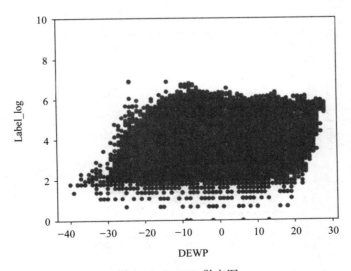

图 8-14　DEWP 散点图

```
# 与 TEMP 合并，画散点图
var = 'TEMP'
data = pd.concat([train_data['Label_log'], train_data[var]], axis=1)
data.plot.scatter(x=var, y='Label_log', ylim=(0, 10));
```

输出结果如图 8-15 所示:

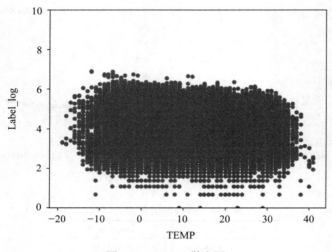

图 8-15　TEMP 散点图

```
# 与 Iws 合并，画散点图
var = 'Iws'
data = pd.concat([train_data['Label_log'], train_data[var]], axis=1)
data.plot.scatter(x=var, y='Label_log', ylim=(0, 10));
```

输出结果如图 8-16 所示:

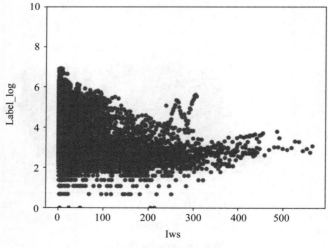

图 8-16　Iws 散点图

```
# 与 Ir 合并，画散点图
var = 'Ir'
data = pd.concat([train_data['Label_log'], train_data[var]], axis=1)
data.plot.scatter(x=var, y='Label_log', ylim=(0, 10));
```

输出结果如图 8-17 所示：

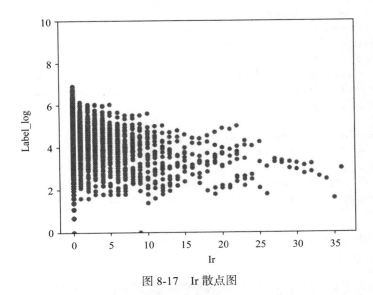

图 8-17　Ir 散点图

```
# 与 DEWP 合并，画箱线图
var = 'DEWP'
data = pd.concat([train_data['Label_log'], train_data[var]], axis=1)
f, ax = plt.subplots(figsize=(20, 16))
fig = sns.boxplot(x=var, y="Label_log", data=data)
```

输出结果如图 8-18 所示：

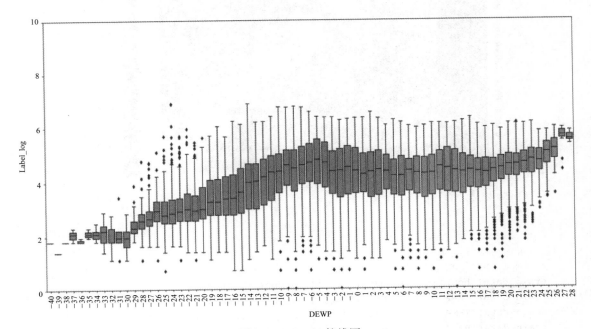

图 8-18　DEWP 箱线图

```
# 输出热力图
fig.axis(ymin=0, ymax=10);
corrmat = train_data.corr()
f, ax = plt.subplots(figsize=(12, 8))
sns.heatmap(corrmat, vmax=0.8, square=True)
k = 5  # 热力图中的变量数
cols_large = corrmat.nlargest(k, 'Label_log')['Label_log'].index
cols_small = corrmat.nsmallest(k, 'Label_log')['Label_log'].index
cols =cols_large.append(cols_small)
cols
cm = np.corrcoef(train_data[cols].values.T)
sns.set(rc = {"figure.figsize":(12,10)})
sns.set(font_scale=1.25)
hm = sns.heatmap(cm, cbar=True, annot=True, square=True, fmt='.2f', annot_
    kws={'size':10}, yticklabels=cols.values, xticklabels=cols.values)
plt.show()
```

输出结果如图 8-19 所示：

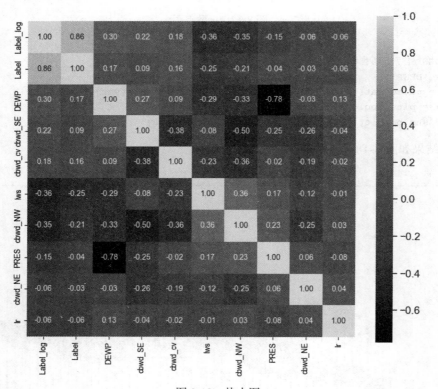

图 8-19　热力图

```
# 训练测试数据转化为 float32，方便计算
train_data['hour']=train_data['hour'].astype('float32')
train_data['DEWP']=train_data['DEWP'].astype('float32')
train_data['TEMP']=train_data['TEMP'].astype('float32')
train_data['PRES']=train_data['PRES'].astype('float32')
```

```
train_data['Iws']=train_data['Iws'].astype('float32')
train_data['Is']=train_data['Is'].astype('float32')
train_data['Ir']=train_data['Ir'].astype('float32')
train_data['cbwd_NE']=train_data['cbwd_NE'].astype('float32')
train_data['cbwd_NW']=train_data['cbwd_NW'].astype('float32')
train_data['cbwd_SE']=train_data['cbwd_SE'].astype('float32')
train_data['cbwd_cv']=train_data['cbwd_cv'].astype('float32')
train_data['year']=train_data['year'].astype('float32')
train_data['month']=train_data['month'].astype('float32')
train_data['day']=train_data['day'].astype('float32')
train_data['week']=train_data['week'].astype('float32')
train_data['Label_log']=train_data['Label_log'].astype('float32')
test_data['hour']=test_data['hour'].astype('float32')
test_data['DEWP']=test_data['DEWP'].astype('float32')
test_data['TEMP']=test_data['TEMP'].astype('float32')
test_data['PRES']=test_data['PRES'].astype('float32')
test_data['Iws']=test_data['Iws'].astype('float32')
test_data['Is']=test_data['Is'].astype('float32')
test_data['Ir']=test_data['Ir'].astype('float32')
test_data['cbwd_NE']=test_data['cbwd_NE'].astype('float32')
test_data['cbwd_NW']=test_data['cbwd_NW'].astype('float32')
test_data['cbwd_SE']=test_data['cbwd_SE'].astype('float32')
test_data['cbwd_cv']=test_data['cbwd_cv'].astype('float32')
test_data['year']=test_data['year'].astype('float32')
test_data['month']=test_data['month'].astype('float32')
test_data['day']=test_data['day'].astype('float32')
test_data['week']=test_data['week'].astype('float32')
train_data.columns
# 导入线性回归相关模型
from sklearn.linear_model import LinearRegression
from sklearn.model_selection import train_test_split
from sklearn.metrics import mean_squared_error
# 定义数据及变量
y=train_data['Label_log']
var =['hour','DEWP', 'TEMP', 'PRES', 'Iws', 'Is', 'Ir',
      'cbwd_NE', 'cbwd_NW', 'cbwd_SE', 'cbwd_cv', 'year', 'month', 'day',
      'week']
X=train_data[var]
X_train, X_val, y_train, y_val = train_test_split(X, y, test_size=0.2, random_
    state=42)
# 调用线性回归，输出均方误差
reg = LinearRegression().fit(X_train, y_train)
y_val_pre = reg.predict(X_val)
y_val1= y_val.reset_index(drop=True)
print("Mean squared error: %.2f" % mean_squared_error(y_val1, y_val_pre ))
```

输出结果如表 8-5 所示。

表 8-5　均方误差

Mean squared error	0.59

```
# 存储真实与预测数据、PM2.5 数据
df1 = pd.DataFrame (y_val_pre, columns = ['p'])
df1['r'] = y_val
df1.to_csv("test1.csv",encoding = "utf-8",header=1,index=0)
X_test = test_data[var]
y_test=reg.predict(X_test)
y_rel = np.round(np.exp(y_test))
df = pd.DataFrame (y_rel, columns = ['pm2.5'])
df.to_csv("sample.csv",encoding = "utf-8",header=1,index=0)
```

最后的输出结果写入 CSV 文件中。

8.4　本章小结

本章介绍了线性回归的相关理论和计算方法，包括一元线性回归和多元线性回归，并结合实例进行了分析。然后，介绍了回归分析检测的相关方法，包括正态分布可能性检测、线性分布可能性检测及 log 转换，阐述了每种方法适用的场景、具体实现及能够解决的问题。最后，通过案例实践来理解线性回归的实际应用，展示了回归分析的过程和相关图表的绘制方法。

第 9 章

聚 类 分 析

随着网络的普及与发展，获取大量样本变得更加容易，但数据的增加也使样本标注工作更加耗时耗力。聚类分析可以对样本进行概括和解释，描述样本集合的结构信息，帮助监督学习得到更好的分类器，揭示观测数据的内部结构和规律。本章将介绍聚类分析的一些基础概念和常见的聚类分析算法。

9.1　k 均值聚类

k 均值聚类是一种基于划分的数据挖掘方法，它将数据点划分为若干个互不重叠的簇，同一簇内的数据点尽可能接近，而不同簇的数据点尽可能远离。k 均值聚类算法采用迭代优化的方法，通过不断调整簇的中心点来实现聚类效果的优化，直到满足预定的收敛条件为止。

9.1.1　算法的步骤

在 k 均值聚类算法中，首先需要确定簇的数量，然后选择一些数据点作为初始中心点，并通过迭代计算来优化聚类效果。具体而言，常用的算法包括 k-means 算法以及其变体，例如 k-medoids、k-modes、k-medians 和 kernel k-means 等算法。这些算法在数据挖掘领域发挥着重要的作用，可以帮助用户对数据进行有效的划分和聚类分析。

k-means 算法的步骤如下：

1）随机地选择 k 个对象，每个对象初始代表了一个簇的中心。

2）对剩余的每个对象，根据其与各簇中心的距离，将它赋给最近的簇。

3）重新计算每个簇的平均值，更新为新的簇中心。

4）不断重复步骤 2 和步骤 3，直到准则函数收敛为止。

9.1.2　代码实现

以鸢尾花数据为例，聚类分析的代码如下：

```
from sklearn.cluster import KMeans
import pandas as pd
data_url = "iris_train.csv"   # 设置文件路径
df = pd.read_csv(data_url)     # 读取文件
X = df.iloc[:,1:5]   # 取前 4 列
estimator = KMeans(n_clusters=3) # 构造聚类器
result = estimator.fit_predict(X)
print(result)
```

代码的运行结果如下：

```
[1 1 1 1 1 1 1 1 1 1 1 1 1 1 1 1 1 1 1 1 1 1 1 1 1 1 1 1 1 1 1 1 1 1 1 1 1
 1 1 1 1 1 1 1 1 1 1 1 1 1 0 0 2 0 0 0 0 0 0 0 0 0 0 0 0 0 0 0 0 0 0 0 0 0
 0 0 2 0 0 0 0 0 0 0 0 0 0 0 0 0 0 0 0 0 0 0 2 0 2 2 2 2 2 0 2 2 2 2 2 2
 0 0 2 2 2 0 2 0 2 0 2 2 2 0 2 2 2 2 2 0 2 2 2 2 0 2 2 2 0 2 2 2 0 2 2 0 2 2]
```

9.2   层次聚类

9.2.1   算法的步骤

层次聚类主要有两种类型：凝聚的（Agglomerative）层次聚类和分裂的（Divisive）层次聚类。

凝聚的层次聚类是一种自底向上的层次聚类算法，从最底层开始，每一次通过合并最相似的聚类来形成上一层次中的聚类，当全部数据点都合并到一个聚类或者达到某个终止条件的时候算法结束。大部分层次聚类都是采用这种方法处理。

分裂的层次聚类采用自顶向下的方法，从一个包含全部数据点的聚类开始，把根节点分裂为一些子聚类，每个子聚类再递归地继续向下分裂。

这两种层次聚类的原理如图 9-1 所示。

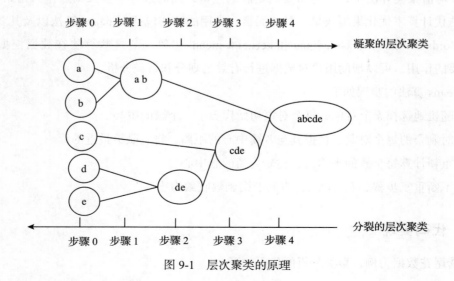

图 9-1   层次聚类的原理

本章主要介绍经典的凝聚层次聚类法，该聚类的步骤如下：

1）将每个对象看作一类，两两计算对象之间的最小距离。

2）将距离最小的两个类合并成一个新类。

3）重新计算新类与所有类之间的距离。

4）重复步骤2和步骤3，直到所有类合并成一类为止。

9.2.2　代码实现

以鸢尾花数据为例，层次聚类的代码如下：

```
from sklearn.cluster import AgglomerativeClustering
import pandas as pd
data_url = "iris_train.csv"
df = pd.read_csv(data_url)
X = df.iloc[:,1:5]
clustering = AgglomerativeClustering(linkage= 'average', n_clusters=3)
result = clustering.fit_predict(X)
print(result)
```

代码的运行结果如下：

```
[1 1 1 1 1 1 1 1 1 1 1 1 1 1 1 1 1 1 1 1 1 1 1 1 1 1 1 1 1 1 1 1 1
 1 1 1 1 1 1 1 1 1 1 1 0 0 0 0 0 0 0 0 0 0 0 0 0 0 0 0 0 0 0 0 0 0
 0 0 0 0 0 0 0 0 0 0 0 0 0 0 0 0 2 0 2 2 2 0 2 2 2 2 2
 0 0 2 2 2 2 0 2 0 2 0 2 2 0 0 2 2 2 2 0 2 2 2 2 0 2 2 2 0 2 2 2 0 2 2]
```

9.3　密度聚类

密度聚类是一种基于样本点的密度来进行聚类分析的数据挖掘算法。它通过考察数据空间中样本点的密度来识别聚类结构。密度是指样本点的质量除以体积，将其在数据空间中映射为数据量除以数据所占空间，从而衡量数据局部的紧凑程度。具体而言，密度聚类算法首先计算每个样本点邻域内的样本点数目，点的数目越多，则表示该区域质量越重，体积相当于某一区域的大小。当某一区域内的样本点比较密集时，我们可以认为这些点形成了一个聚簇。聚簇的大小由区域的体积确定，而且这些点之间的密度越大，聚簇的质量也越高。密度聚簇表示某一区域有比较密集的点，则可以形成一个聚簇。从样本密度的角度来考察样本之间的可连续性，并基于可连接样本不断扩展聚类簇以获得最终的聚类结果，这是通过逐步扩展聚类簇实现的。

9.3.1　算法的步骤

DBSCAN是经典的密度聚类算法，基本思想为：由密度可达关系导出的最大密度相连的样本集合即为最终形成的簇。DBSCAN 的簇里面可以有一个或者多个核心对象。如果只有一个核心对象，则簇里其他的非核心对象样本都在这个核心对象的 ε 邻域里；如果有多个核心对象，则簇里的任意一个核心对象的 ε 邻域中一定有一个其他的核心对象，否则这两个核心对象无法密度可达。这些核心对象的 ε 邻域里所有的样本集合组成一个 DBSCAN 聚类簇。DBSCAN 密度聚类算法的步骤可以总结如下：

1）初始化参数：设定邻域半径 ε 和最小样本数目 MinPts，并选择一个未被访问的样本点 P。

2）判断 P 的邻域内的样本点数目：

①若满足最小样本数目的要求，则将 P 标记为核心对象，并创建一个新的聚类簇。

②若不满足最小样本数目的要求，则将 P 标记为噪声点。

3）对于核心对象 P，递归地扩展当前聚类簇：

①查找 P 的邻域内所有未被访问的样本点 Q。

②如果 Q 在 P 的邻域内，将 Q 标记为核心对象，并将其加入当前聚类簇。

4）继续选择下一个未被访问的样本点，重复步骤 2 至步骤 4，直到所有样本点都被访问过为止。

9.3.2 代码实现

本节利用鸢尾花数据集进行密度聚类，帮助读者加深对密度聚类算法的理解。

1）导入需要的库。

```
from sklearn.cluster import DBSCAN  # 导入密度聚类包
from sklearn.preprocessing import StandardScaler  # 导入标准化库
import pandas as pd  # 导入pandas
from sklearn import datasets  # 导入数据集
import matplotlib.pyplot as plt  # 导入画图工具包
```

2）导入鸢尾花数据集，并展示"sepal length"和"sepal width"两个属性之间的散点图。

```
iris = datasets.load_iris()  # 导入鸢尾花数据集
X = iris.data[:, :4]  # 变量为每列属性的值
plt.figure(dpi=300)  # 图片清晰度
plt.scatter(X[:, 0], X[:, 1], c="black", marker='o')
plt.xlabel('sepal length (cm)')
plt.ylabel('sepal width (cm)')
plt.savefig("row_fig")
plt.show()
```

输出结果如图 9-2 所示。

3）多次调整对象半径和最小邻域数目的值，进行密度聚类。

首先，设置对象半径为 1，最小邻域数目为 5，代码如下：

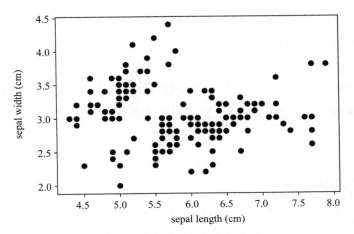

图 9-2 鸢尾花数据散点图分析

```
db = DBSCAN(eps=1, min_samples=5).fit(X)    # 对象半径为 1, 最小邻域数目为 5 进行密度聚类
label_pred = db.labels_  # 聚类结果
# 绘制 DBSCAN 的结果
x0 = X[label_pred == 0]
x1 = X[label_pred == 1]
x2 = X[label_pred == 2]
plt.figure(dpi=300)  # 图片清晰度
plt.scatter(x0[:, 0], x0[:, 1], c="red", marker='o', label='label0')
plt.scatter(x1[:, 0], x1[:, 1], c="green", marker='*', label='label1')
plt.scatter(x2[:, 0], x2[:, 1], c="blue", marker='+', label='label2')
plt.xlabel('sepal length (cm)')
plt.ylabel('sepal width (cm)')
plt.legend(loc=2)
plt.savefig("DBSCAN_fig")
plt.show()
```

输出结果如图 9-3 所示。

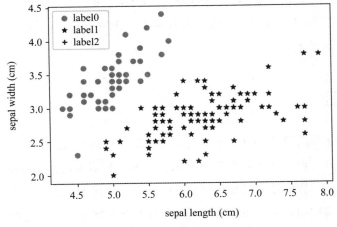

图 9-3 鸢尾花数据聚簇可视化

　　可见，设置"对象半径为 1，最小邻域数目为 5"后，数据被聚簇为两类，其余点被分为噪声点。原始数据集 iris.target 中共有 0、1、2 三类鸢尾花，故上述参数设置不太合理，应重新设置对象半径和最小邻域数目。

　　为了更好地观察不同对象半径和最小邻域数目对聚类效果的影响，设置 epss = [0.3, 0.5, 0.7, 0.9]，min_sampless = [5,7,9]，通过循环遍历的方式，将 12 种情况展示到一幅图中并进行观察。代码如下：

```
epss = [0.3,0.5,0.7,0.9]  # 不同的对象半径
min_sampless = [5,7,9]  # 不同的最小邻域
i = 1  # 用来控制图出现的位置
plt.figure(figsize=(20,10),dpi=600)  # 设置画布大小
# 进行循环遍历，画出不同参数的聚类效果
for eps in epss:
    for min_samples in min_sampless:
        db = DBSCAN(eps=eps, min_samples=min_samples).fit(X)
        label_pred = db.labels_
        # 绘制 DBSCAN 结果
        x0 = X[label_pred == 0]
        x1 = X[label_pred == 1]
        x2 = X[label_pred == 2]
        plt.subplot(4,3,i)
        plt.scatter(x0[:, 0], x0[:, 1], c="red", marker='o', label='label0')
        plt.scatter(x1[:, 0], x1[:, 1], c="green", marker='*', label='label1')
        plt.scatter(x2[:, 0], x2[:, 1], c="blue", marker='+', label='label2')
        plt.xlabel('sepal length (cm)')
        plt.ylabel('sepal width (cm)')
        plt.legend(loc=2)
        i = i+1
plt.savefig("DBSCAN_fig2")
plt.show()
```

输出结果如图 9-4 所示。

可以发现，使用不同的参数会产生截然不同的结果。第一幅图产生了三种聚类，第三幅图只产生一种聚类，而其余情况下产生了两种聚类。比较可知，对象半径为 0.3、最小邻域数目为 5 时的聚类效果更佳。

9.4　本章小结

　　本章主要阐述了聚类算法的基本原理与编程实践，包括 k 均值聚类算法、层次聚类算法和密度聚类算法。在实际应用中可根据数据的特点和分析需求选择合适的方法。k 均值聚类适用于数据规模较大、簇的数量已知或可估计的问题；层次聚类适用于无须预先确定簇的数量，希望形成层次结构的问题；密度聚类适合处理复杂形状和密度变化的数据集，且能够自动发现噪声点。

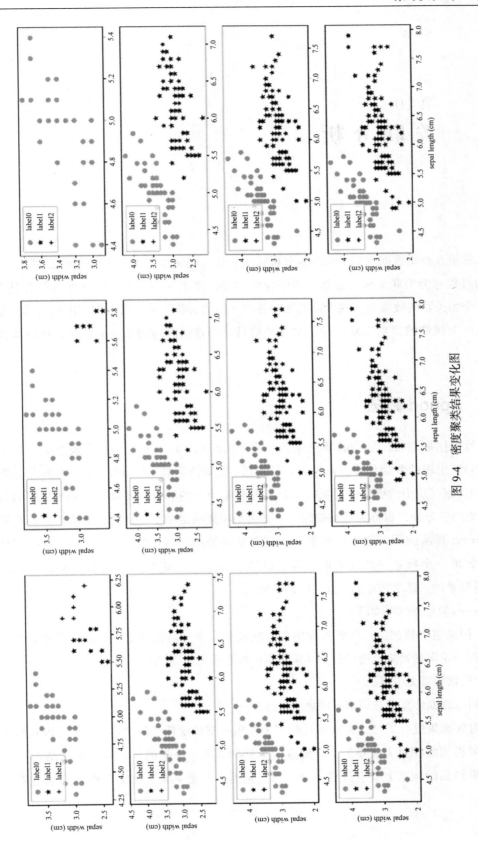

图 9-4 密度聚类结果变化图

第 10 章

关 联 分 析

本章重点介绍数据挖掘中的关联分析算法。从大规模数据中，发现对象之间隐含关系与规律的过程称为关联分析，也称为关联规则学习，使用这种方法可以发现数据集中频繁出现的多个相关联的数据项，找出数据集中各项之间的关联关系。根据挖掘出的关联关系，就可以从一个属性的信息推断另一个属性的信息。当置信度达到某一阈值时，可以认为规则成立。

10.1 Apriori 算法

在数据挖掘领域，Apriori 算法是关联分析的经典算法。它采用自底而上的方法找出数据集中频繁出现的数据集合，其过程包括连接（类矩阵运算）与剪枝（去掉那些非必要的中间结果）。该算法中的项集是指项的集合，包含 K 个项的集合为 K 项集。项集出现的频率指包含项集的事务数，也称为项集的频率。如果某项集满足最小支持度，则称它为频繁项集。

Apriori 算法的原理如下：如果一个项集是频繁的，则它的所有子集一定也是频繁的；相反，如果一个项集是非频繁的，则它的所有超集也一定是非频繁的。也就是说，如果 {0,1} 是频繁的，那么 {0},{1} 也一定是频繁的。

Apriori 算法的步骤如下：

1）扫描整个数据集，得到所有出现过的数据，作为候选频繁 1 项集。其他轮次的候选集则由前一轮次频繁集自连接得到（频繁集由候选集剪枝得到）。

2）挖掘频繁 k 项集。

①扫描数据计算候选频繁 k 项集的支持度。

②对候选集进行剪枝，去除候选频繁 k 项集中支持度低于阈值的数据集，得到频繁 k 项集。如果得到的频繁 k 项集为空，则直接返回频繁 k–1 项集的集合作为算法结果，算法结束；如果得到的频繁 k 项集只有一项，则直接返回频繁 k 项集的集合作为算法结果，算法结束。

③基于频繁 k 项集，连接生成候选频繁 $k+1$ 项集。

3）令 $k=k+1$，转入步骤 2。

算法的终止条件是，如果自连接得到的不再是频繁集，那么取最后一次得到的频繁集作为结果。

Apriori 算法的实现代码如下：

```python
# -*- coding:gb2312 -*-
import sys
import copy

def init_pass(T):
    C = {}   #C为字典
    for t in T:
        for i in t:

            if i in C.keys():
                C[i] += 1
            else:
                C[i] = 1
    return C

def generate(F):
    C = []
    k = len(F[0]) + 1
    for f1 in F:
        for f2 in F:
            if f1[k-2] < f2[k-2]:
                c = copy.copy(f1)
                c.append(f2[k-2])
                flag = True
                for i in range(0,k-1):
                    s = copy.copy(c)
                    s.pop(i)
                    if s not in F:
                        flag = False
                        break
                if flag and c not in C:
                    C.append(c)
    return C

def compareList(A,B):
    if len(A) <= len(B):
        for a in A:
            if a not in B:
                return False
    else:
        for b in B:
            if b not in A:
                return False
```

```
        return True

def apriori(T,minSupport):
    D=[]
    C=init_pass(T)

    keys=sorted(C)
    D.append(keys)# 加入 D 集中
    F=[[]]
    for f in D[0]:
        if C[f]>=minSupport:
            F[0].append([f])
    k=1

    while F[k-1]!=[]:
        D.append(generate(F[k-1]))
        F.append([])
        for c in D[k]:
            count = 0;
            for t in T:
                if compareList(c,t):
                    count += 1
            if count>= minSupport:
                F[k].append(c)
        k += 1

    U = []
    for f in F:
        for x in f:
            U.append(x)
    return U

T = [['A','C','D'],['B','C','E'],['A','B','C','E'],['B','E']]

Z= apriori(T,2)
print(Z)
```

10.2 关联分析案例实践

10.2.1 案例背景

本案例要求对某商品的历史订单数据进行分析，挖掘频繁项集与关联规则。鼓励读者利用订单数据，为企业提供销售策略和产品关联组合，帮助企业提升产品销量，同时为消费者提供更适合的商品推荐。

10.2.2　案例的数据集

本案例使用的数据集是某个生产棒球运动产品的公司在 2016 年的销售数据，共 60 397 项订单记录。数据集样例如表 10-1 所示。

10.2.3　代码实现

本案例的实现代码如下所示：

```
import pandas as pd
order = pd.read_csv('../download/order.csv', encoding='gbk')
df1 = order[['订单日期', '客户ID', '产品名称']]      # 提取有关联关系的属性
df = df1.groupby(['客户ID', '订单日期'])
transaction_list = []
for key, value in df:
    t = []
    for idx, row in value.iterrows():
        t.append(row['产品名称'])

    transaction_list.append(t)

from mlxtend.preprocessing import TransactionEncoder
te = TransactionEncoder()
te_ary = te.fit(transaction_list).transform(transaction_list)
df0 = pd.DataFrame(te_ary, columns=te.columns_)
from mlxtend.frequent_patterns import apriori
freq_itemset = apriori(df0, min_support=0.01, use_colnames=True)
freq_itemset.sort_values(by='support', inplace=True, ascending=False)
from mlxtend.frequent_patterns import association_rules
as_rules = association_rules(freq_itemset, min_threshold=0.01)
print(as_rules.iloc)
```

10.2.4　运行结果

运行代码后得到的结果如下：

	antecedents	consequents	antecedent support	consequent support	support	confidence	lift	leverage	conviction
0	（棒球手套）	'头盔）	0.356434	0.233145	0.10026	0.2812880	1.2064939	0.0171598	1.0669851
1	（头盔）	（棒球手套）	0.233145	0.356431	0.10026	0.430035	1.2064939	0.0171598	1.1291335
2	（硬式棒球）	（头盔）	0.2921283	0.233145	0.0489897	0.1676995	0.719292	-0.0191184	0.9213679
3	（头盔）	（硬式棒球）	0.233145	0.2921283	0.0489897	0.2101257	0.719292	-0.0191184	0.8961828
4	（头盔））	（球棒与球棒袋）	0.233145	0.1726048	0.0435585	0.1868302	1.082416	0.0033165	1.0174938
...	...	...	...	...	...	...	...	...	...
88	（击打手套，棒球手套）	（头盔）	0.0201680	0.233145	0.0101021	0.5008976	2.1484379	0.0054000	1.536468
89	（击打手套，头盔）	（棒球手套）	0.0217973	0.356434	0.0101021	0.463455	1.3002544	0.0023327	1.1994631
90	（棒球手套，头盔）	（击打手套）	0.10026	0.0517778	0.0101021	0.1007583	1.9459758	0.0049108	1.0544687
91	（击打手套）	（棒球手套，头盔）	0.0517778	0.10026	0.0101021	0.1951048	1.9459758	0.0049108	1.1178342
92	（棒球手套）	（击打手套，头盔）	0.356434	0.0217973	0.0101021	0.0283421	1.3002544	0.0023327	1.0067356

表 10-1　数据集样例

订单日期	年份	订单数量	产品 ID	客户 ID	交易类型	销售区域 ID	销售大区	国家	产品类别	产品型号名称	产品名称	产品成本	利润	单价	销售金额
2016/1/1	2016	1	528	14432BA	1	4	西南区	中国	配件	Rawlings Heart of THE Hide-11.5	棒球手套	500	1199	1699	1699
2016/1/2	2016	1	528	18741BA	1	4	西南区	中国	配件	Rawlings Heart of THE Hide-11.5	棒球手套	500	1199	1699	1699
2016/1/2	2016	1	528	27988BA	1	4	西南区	中国	配件	Rawlings Heart of THE Hide-11.5	棒球手套	500	1199	1699	1699
2016/1/5	2016	1	528	25710BA	1	4	西南区	中国	配件	Rawlings Heart of THE Hide-11.5	棒球手套	500	1199	1699	1699
2016/1/6	2016	1	528	14999BA	1	4	西南区	中国	配件	Rawlings Heart of THE Hide-11.5	棒球手套	500	1199	1699	1699
2016/1/7	2016	1	528	14461BA	1	4	西南区	中国	配件	Rawlings Heart of THE Hide-11.5	棒球手套	500	1199	1699	1699
…	…	…	…	…	…	…	…	…	…	…	…	…	…	…	…
2016/7/29	2016	1	528	23385BA	1	6	韩国	韩国	配件	Rawlings Heart of THE Hide-11.5	棒球手套	500	1199	1699	1699
2016/7/30	2016	1	528	15444BA	1	6	韩国	韩国	配件	Rawlings Heart of THE Hide-11.5	棒球手套	500	1199	1699	1699
2016/7/30	2016	1	528	15196BA	1	6	韩国	韩国	配件	Rawlings Heart of THE Hide-11.5	棒球手套	500	1199	1699	1699

10.3 提升 Apriori 算法性能的方法

要提高 Apriori 算法的性能，可以采用以下几种方法：

1）散列项集计数：这是一种基于散列的技术，可以用于压缩候选 k 项集的集合 $C(k>1)$。若项集在哈希树的路径上的计数值低于阈值，即如果一个 k 项集的（$k–1$）子集不在 k_{i-1} 中，则该候选不可能是频繁的，可以直接从 C_K 删除。

2）事务压缩：不包含任何频繁 k 项集的事务不可能包含任何频繁（$k+1$）项集，下一步计算时会删除这些记录。

3）划分：使用划分技术，只需要两次数据库扫描就能挖掘频繁项集。

4）抽样：抽样方法的基本思想是，使用小的支持度和完整性验证方法，在小的抽样集上找到局部频繁项集，然后在全部数据集上查找频繁项集。

10.4 本章小结

本章主要阐述了 Apriori 算法的原理、步骤、代码实现以及案例实践。Apriori 算法使用先验性质，大大提高了频繁项集逐层产生的效率。该算法简单、易理解，且对数据集的要求低。但是，该算法需要多次扫描数据库，且候选项规模庞大（Apriori 算法需要反复生成候选项，当数据集中的项的数量增加时，可能的（$k+1$）项集的数量将呈指数级增长），导致计算支持度开销大。为了解决算法存在的上述问题，提高 Apriori 算法的性能，可以采用散列项集计数、事务压缩、划分和抽样等方法进行改进。

第 11 章
KNN 分类

KNN（*k*-nearest neighbor，*k* 近邻）是一种基本的分类与回归方法，也是常用的有监督机器学习算法。本章主要介绍 KNN 算法的步骤和代码实现，并通过电影推荐案例来说明 KNN 的应用。

11.1　KNN 算法的步骤

KNN 算法的步骤如下：

1）令 k 为最近邻数目，D 为训练样例的集合。

2）对于每个测试样例 $z = (x', y')$，计算 z 和 D 中的每个样例 (x, y) 之间的距离 $d(x', x)$。

3）选择离 z 最近的 k 个训练样例的集合 D_z。

4）在 D_z 中根据分类决策规则（如多数表决）决定 z 的类别 y'（其中，I 为指示函数，即当 $v = y_i$ 时 I 为 1，否则 I 为 0）：

$$y' = \arg \max_v \sum_{(x_i, y_i) \in D_z} I(v = y_i)$$

其中，步骤 4 也可以使用距离加权表决作为决策分类规则：

$$y' = \arg \max_v \sum_{(x_i, y_i) \in D_z} w_i \times I(v = y_i)$$

对于上述算法描述，步骤 2 通过计算每个已有样例与测试样例的距离来寻找 k 个最近邻。这种通过线性扫描来寻找 k 最近邻的方法计算开销过大。特别是在特征空间的维数大且训练数据容量大时，计算非常耗时，所以是不可行的。为了提高 k 最近邻搜索的效率，可以考虑使用特殊的数据结构（例如 kd 树、ball 树）提前对训练集进行优化存储，以减少计算距离的次数。

11.2 KNeighborsClassifier 函数

可以使用 Sklearn 库中的 KNeighborsClassifier 函数实现 KNN 算法。该函数的语法格式如下：

```
KNeighborsClassifier(n_neighbors=5,weights='uniform',algorithm='auto',leaf_
size=30, p=2,metric='minkowski',metric_params=None,n_jobs=None,**kwargs)
```

该函数的参数说明如下：

- n_neighbors：可选择，默认值是 5，用于指定 KNN 算法中 k 的值，即该函数可查询使用的 k 个最近邻。

- weights：可选择，默认值是 uniform，参数可以是 uniform、distance，也可以是用户自己定义的函数。uniform 表示均等的权重，即所有邻近点的权重都是相等的。distance 表示不均等的权重，即距离近的点比距离远的点的权重大。如果使用用户自定义的函数，接收包含距离值的数组作为参数，返回一组维数相同的权重值，这组权重值的维数和距离值的维数相同，每个元素表示该距离值对应的权重值。

- algorithm：可选择，默认值为 auto，可以理解为算法自己决定合适的搜索算法。其他可选值包括 ball_tree、kd_tree 和 brute。brute 指蛮力搜索，也就是线性扫描，当训练集很大时，这种方法的计算非常耗时。kd_tree 是指构造 kd 树存储数据以便进行快速检索的树形数据结构，也就是二叉树。kd 树是以中值切分构造的树，每个结点对应一个超矩形，其效率在维数小于 20 时较高。ball_tree 可以克服 kd 树高维失效的问题，其构造过程是以质心 C 和半径 r 分割样本空间，每个结点是一个超球体。

- leaf_size：默认值是 30，这是构造的 kd 树和 ball 树的大小。这个值会影响构建树的速度和搜索速度，也会影响存储树所需的内存大小，需要根据问题的性质选择最优的大小。

- p：距离度量方式，如欧几里得距离（欧氏距离）、曼哈顿距离等。这个参数的默认值为 2，也就是默认使用欧几里得距离进行距离度量。如果将其设置为 1，表示使用曼哈顿距离进行距离度量。

- metric：可选择，用于距离度量。当 p=1 时，被称为曼哈顿距离；当 p=2 时，被称为欧几里得距离。

- metric_params：距离公式的其他关键参数，这里使用默认值 None 即可。

- n_jobs：用于指定并行处理的工作数量。默认值为 1，表示不使用并行处理，即所有计算任务都在一个处理器 cores 上顺序执行；如果值为 –1，则表示 CPU 的所有 cores 都用于并行工作；当设置为其他正整数时，则表示并行处理所使用的处理器 cores 的数量。例如，n_jobs = 2 代表使用两个处理器 cores 进行并行处理。

11.3 KNN 的代码实现

KNN 的代码实现方式如下：

1）导入 Sklearn 库中的 KNeighborsClassifier 函数、train_test_split 函数，以及 NumPy 库、Pandas 库，代码如下：

```
from sklearn.model_selection import train_test_split
from sklearn.neighbors import KNeighborsClassifier
import numpy as np
import pandas as pd
```

2）读入 iris_train.csv 中的数据，代码如下：

```
data_url = "iris_train.csv"
df = pd.read_csv(data_url)
X = df.iloc[:, 1:5]
y = df.iloc[:, 5]
```

3）使用 train_test_split 将原始鸢尾花数据按照比例分割为"测试集"和"训练集"，代码如下：

```
X_train, X_test, y_train, y_test = train_test_split(X, y, test_size=0.2, random_
    state=0)
```

4）利用 KNeighborsClassifier 函数制作 KNN 分类器，这里 n_neighbors 设置为 3，表示选取最近的 3 个点，代码如下：

```
clf = KNeighborsClassifier(n_neighbors=3)
```

5）用训练数据拟合分类器模型，代码如下：

```
clf.fit(X_train, y_train)
```

6）评估分类器，输出准确率，代码如下：

```
y_pred = clf.predict(X_test)
acc = np.sum(y_test == y_pred) / X_test.shape[0]
print("Test Acc : %. 3f" % acc)
```

11.4 结果分析

使用不同参数的情况下，对 KNN 分类器的准确率进行测试。

1）参数均设置为默认值，代码如下：

```
KNeighborsClassifier(n_neighbors=5, weights="uniform", algorithm="auto", leaf_
    size=30, p=2, metric="minkowski", metric_params=None, n_jobs=None)
```

实验结果如下：

```
Test Acc : 0.973
```

2）将 n_neighbors 设置为 3，代码如下：

```
KNeighborsClassifier(n_neighbors=3, weights="uniform", algorithm="auto", leaf_
    size=30, p=2, metric="minkowski", metric_params=None, n_jobs=None)
```

实验结果如下：

```
Test Acc : 0.986
```

3）将 n_neighbors 设置为 2，代码如下：

```
KNeighborsClassifier(n_neighbors=2, weights="uniform", algorithm="auto", leaf_
    size=30, p=2, metric="minkowski", metric_params=None, n_jobs=None)
```

实验结果如下：

```
Test Acc : 0.959
```

从实验结果可以看出，使用不同的参数会对 KNN 分类器的准确率产生影响。在这个实验中，当 n_neighbors 设置为 3 时，准确率最高，为 0.986；当 n_neighbors 设置为 2 时，准确率最低，为 0.959。因此，在使用 KNN 分类器时，需要根据实际情况选择合适的参数，以获得更高的准确率。

11.5　KNN 案例实践

本节使用 GroupLens 中 MovieLens 数据集，采用 KNN 算法实现向用户推荐电影。

11.5.1　案例分析

本案例的目标是通过用户的历史行为（比如不同电影的观看频次等）预测出用户的观影喜好，推荐用户可能喜欢的电影。本案例采用 KNN 算法实现。KNN 算法的思想是根据 k 个最近的样本来判断当前样本的类别、值等。在本案例中，在为用户推荐电影时，KNN 算法会根据与用户有过交互的历史电影数据，找到当前电影的 k 个最近邻，再根据这 k 个最近邻的类别标签来决定是否对当前电影进行推荐。

图 11-1 为本案例的实现流程图。

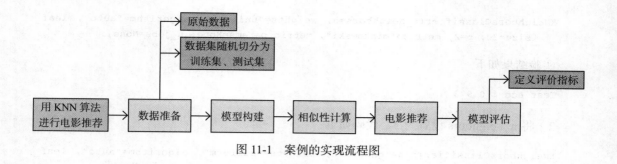

图 11-1　案例的实现流程图

11.5.2　案例实现

本节介绍本案例的代码实现过程。

1）导入所需要的库，并初始化参数，代码如下：

```python
import random
import math
from operator import itemgetter
DEBUG = True
K = 20
N = 10
trainSet = {}
testSet = {}
path = './datasets/data/u.data'
```

2）对数据采用随机划分的策略，得到训练集和测试集，原始数据集的各列依次为 user、item、rate 和 timestamp。代码如下：

```python
# 读文件，返回文件的每一行
def load_file(path):
    with open(path, 'r') as f:
        for _, line in enumerate(f):
            yield line.strip('\r\n')


# 读文件得到"用户－电影"数据
def get_dataset(path, pivot=0.75): #pivot 为数据集划分阈值
    global trainSet, testSet
    trainSet_len = 0
    testSet_len = 0
    for line in load_file(path):
        user, movie, rating, timestamp = line.split('\t')
        if(random.random() < pivot):
            trainSet.setdefault(user, {})
            trainSet[user][movie] = rating
            trainSet_len += 1
        else:
            testSet.setdefault(user, {})
            testSet[user][movie] = rating
```

```
        testSet_len += 1
    print('Split trainingSet and testSet success!')
    print('TrainSet = %s' % trainSet_len)
    print('TestSet = %s' % testSet_len)
```

3）需要计算电影之间的相似性，才能统计出最相似的 k 个电影。相似性的计算公式如下：

$$sim = \frac{|N(i) \bigcap N(j)|}{\sqrt{|N(i)||N(j)|}}$$

其中，分子代表电影 i 和电影 j 同时和一个用户 user 有过的交互次数，分母代表的是电影 i 和电影 j 分别与用户 user 交互的次数的乘积的算术平方根，目的是平衡电影 i 和电影 j 与用户 user 交互次数的差异，使得相似度的计算更加合理。因为如果两部电影与用户的交互次数相近，那么几何平均数与算术平均数相似或相同；而当某一部电影与用户的交互次数远大于另一部电影时，使用算术平均数则会导致相似度计算不准确，因为它对异常值比较敏感，较大的交互次数会显著影响平均值，而几何平均数在这种情况下会表现得更为稳健，能够更好地平衡不同交互次数之间的差异。

```
class KNN():
    # 初始化参数
    def __init__(self, K, N):
        # 找到相似的 K 部电影，为目标用户推荐 N 部电影
        self.n_sim_movie = K
        self.n_rec_movie = N
        # 将数据集划分为训练集和测试集
        self.trainSet = trainSet #key 为 user, value 为 {item: rating, .....}
        self.testSet = testSet
        # 用户相似度矩阵
        self.movie_sim_matrix = {}
        self.movie_popular = {} # 电影的流行度
        self.movie_count = 0      # 电影的总数

        print('Similar movie number = %d' % self.n_sim_movie)
        print('Recommneded movie number = %d' % self.n_rec_movie)
    # 计算电影之间的相似度
    def calc_movie_sim(self):
        for user, movies in self.trainSet.items():
            # print('user:{0},movies:{1}'.format(user,movies))
            for movie in movies:
                if movie not in self.movie_popular:
                    self.movie_popular[movie] = 0
                    # continue
                self.movie_popular[movie] += 1

        self.movie_count = len(self.movie_popular)
        print("Total movie number = %d" % self.movie_count)
        for user, movies in self.trainSet.items(): # 计算电影同时出现的次数
```

```
            for m1 in movies:
                for m2 in movies:
                    if m1 == m2:
                        continue
                    self.movie_sim_matrix.setdefault(m1, {})
                    self.movie_sim_matrix[m1].setdefault(m2, 0)
                    self.movie_sim_matrix[m1][m2] += 1
        print("Build co-rated users matrix success!")
        # 计算电影之间的相似性
        print("Calculating movie similarity matrix ...")
        for m1, related_movies in self.movie_sim_matrix.items():
            for m2, count in related_movies.items():
                # 注意 0 向量的处理，即某电影的用户数为 0
                if self.movie_popular[m1] == 0 or self.movie_popular[m2] == 0:
                    self.movie_sim_matrix[m1][m2] = 0
                else:
                    self.movie_sim_matrix[m1][m2] = count / math.sqrt(self.movie_
                        popular[m1] * self.movie_popular[m2]) # 避免热门商品带来偏置
        print('Calculate movie similarity matrix success!')
```

4）定义评价指标 precision（准确率）和 recall（召回率），然后进行模型的评价。代码
如下：

```
# 针对目标用户 U，找到 K 部相似的电影，并推荐其中的 N 部电影
def recommend(user, knn, K, N):
    global trainSet
    K = K
    N = N
    rank = {}
    watched_movies = trainSet[user]
    for movie, rating in watched_movies.items():
        for related_movie, w in sorted(knn.movie_sim_matrix[movie].items(),
            key=itemgetter(1), reverse=True)[:K]: # 按字典值排序
            if related_movie in watched_movies:
                continue
            rank.setdefault(related_movie, 0)
            rank[related_movie] += w * float(rating)
    return sorted(rank.items(), key=itemgetter(1), reverse=True)[:N]
# 产生推荐并通过准确率、召回率进行评估
def evaluate(knn, K, N):
    print('Evaluating start ...')
    global trainSet, testSet
    N = N
    # 准确率和召回率
    hit = 0
    rec_count = 0
    test_count = 0
    # 覆盖率
    all_rec_movies = set()

    for i, user in enumerate(trainSet):
```

```
        test_moives = testSet.get(user, {})
        rec_movies = recommend(user, knn, K, N)
        for movie, w in rec_movies:
            if movie in test_moives:
                hit += 1
            all_rec_movies.add(movie)
        rec_count += N
        test_count += len(test_moives)
    # rec_count += N
    precision = hit / (1.0 * rec_count)
    recall = hit / (1.0 * test_count)
    print('precision=%.4f\trecall=%.4f\t' % (precision, recall))
```

11.5.3　运行结果

1）切分原始数据，代码如下：

```
get_dataset(path)
```

运行结果为：

```
Split trainingSet and testSet success!
TrainSet = 75165
TestSet = 24835
```

2）进行相似度计算，代码如下：

```
knn = KNN(K, N)
knn.calc_movie_sim()
```

运行结果为：

```
Similar movie number = 20
Recommneded movie number = 10
Total movie number = 1639
Build co-rated users matrix success!
Calculating movie similarity matrix ...
Calculate movie similarity matrix success!
```

3）调用已定义好的函数进行模型评价，代码如下：

```
K=2
N=1
evaluate(knn, K, N)
```

运行结果如下：

```
Evaluating start ...
precision=0.5090   recall=0.0192
```

11.6   本章小结

　　本章主要介绍了 KNN 分类的基本原理，包括 KNN 算法的原理、距离度量方法、k 值的选择等。通过学习本章内容，我们可以了解 KNN 算法的优缺点，并能够在不同的应用场景下选择合适的分类算法。此外，我们还可以利用 KNN 算法来实现推荐系统中的用户兴趣分类，以提高推荐的准确性。

第 12 章

支持向量机

支持向量机（Support Vector Machine，SVM）是一种常用的机器学习算法，目前广泛应用于模式识别、数据分类和回归分析等领域。它的主要思想是通过寻找最优超平面来实现数据的分类或回归。SVM 算法的优点是可以处理高维数据，适用于复杂的分类和回归问题；在处理小样本问题时具有较好的性能，可以有效避免过拟合；对于非线性问题，通过核函数的选择可以将问题映射到高维空间，从而更好地进行分类或回归；SVM 的求解过程是凸优化问题，有严格的数学基础和理论支持，在理论上可以保证最优解的存在性和唯一性。然而，SVM 也有一些限制和缺点。首先，对于大规模的数据集，SVM 的计算复杂度高，训练时间较长。其次，要想选择合适的核函数和调整参数，就需要有具体问题相关的领域知识和经验。最后，SVM 对缺失数据和噪声较敏感，需要进行有效的数据清洗和特征选择。总的来说，SVM 是一种强大的机器学习算法，具有广泛的应用前景。通过合理选择核函数和调整参数，可以构建出高效准确的分类或回归模型。

12.1　支持向量机的可视化分析

可视化分析通常通过绘制散点图、曲线图或者使用更高维度的可视化工具来实现，是 SVM 的重要工具。它可以帮助我们理解模型的特性、数据的分布情况以及模型的决策边界。

下面给出一个包含若干样本点的线性可分数据集，从图 12-1 可以直观地看到，存在无数个超平面可以将红黄两类数据分开，同时可以绘制其间隔。而且，可以观察到两侧的超平面的抗干扰性低于中间的超平面。

使用 SVM 算法绘制的超平面、间隔以及支持向量如图 12-2 所示。对比图 12-1，图 12-2 的鲁棒性有明显的提升。

再看一个包含若干样本点的线性不可分数据集。首先使用线性支持向量机对其进行分类，结果如图 12-3 所示。很明显可以看到，使用线性支持向量机无法将数据集分开。

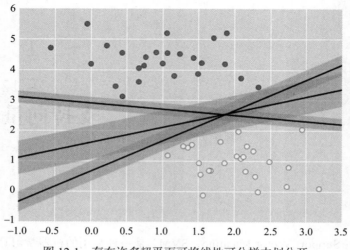

图 12-1　存在许多超平面可将线性可分样本划分开

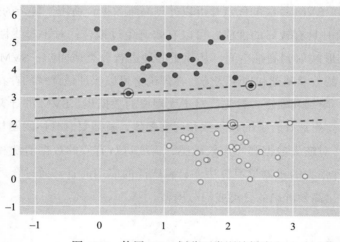

图 12-2　使用 SVM 划分两类训练样本

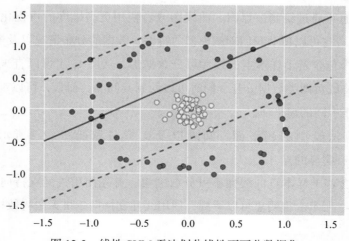

图 12-3　线性 SVM 无法划分线性不可分数据集

下面考虑使用核函数将数据集映射到高维向量空间进行分类。这里的核函数使用高斯核函数，从图 12-4 可以看到，对于映射后的数据集，存在多个超平面可以对两类数据集进行分割。

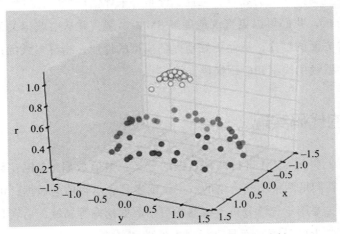

图 12-4　使用高斯核函数对数据集进行映射

使用 SVM 算法绘制超平面以及支持向量的结果如图 12-5 所示。可以看到，这种方法能较好地对两类数据进行分类。

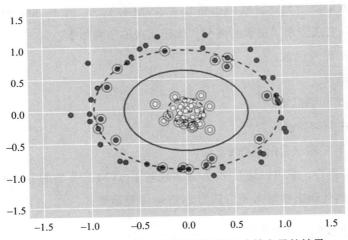

图 12-5　使用 SVM 算法绘制超平面以及支持向量的结果

通过可视化分析，我们可以得到以下几个方面的总结：

1）数据分布：可视化分析可以帮助用户了解数据的分布情况，包括不同类别的数据点如何分布、是否存在明显的重叠部分等。这有助于用户更加深入地理解数据，并根据数据的特点选择合适的核函数和调整参数。

2）决策边界：SVM 的决策边界是分割两个不同类别的数据点的直线、曲线或超平面。

可视化分析可以将决策边界以直观的方式呈现出来，帮助用户观察和评估模型的分类性能。用户可以通过观察决策边界的形状、位置、偏倚程度等来判断模型的拟合程度和泛化能力。

3）支持向量：可视化分析可以将支持向量标注出来，帮助用户观察和分析这些关键点的分布情况，并通过支持向量的数量、位置、分布等来评估模型的稳健性和容错能力。

通过可视化分析，我们可以更直观地理解 SVM 模型，并从中获得关于数据分布、决策边界和支持向量等方面的结论，从而更好地评估模型的性能，指导参数的选择和调整，进一步优化模型，并为后续的决策和应用提供支持。

12.2　SVM 的代码实现

在本节中，我们将用 SVM 进行两种数据的分类：数值数据（鸢尾花数据）和文本数据（新闻文本数据）。它们是两种不同类型的数据。前者是表示数值的数据，可以进行各种数学运算和计算操作，主要用于统计分析、机器学习、数据挖掘等领域；后者是由字符组成的序列，一般不进行数学上的计算，而是进行文本处理和分析，主要用于文本挖掘、情感分析、自然语言处理等领域。

12.2.1　鸢尾花数据分类

下面通过案例来说明如何通过 Python 实现 SVM 分类器。在 Python 中，集成了与 SVM 相关的库，给代码实现带来了很大的便利。代码实现的步骤如下：

1）导入所需的库及函数。

2）读取数据集。

3）划分训练集和测试集。

4）调用 SVM 分类器进行训练。

5）打印训练集和测试集的准确率。

经过上面的步骤后，就可以通过 Python 实现基于 SVM 分类器的分类了。

1）使用下面的代码来获取需要用到的 Python 库及函数：

```
//  从 Sklearn 库中导入 SVM 分类器
from sklearn import svm
//  从 Sklearn 库中导入训练集和测试集切分函数
from sklearn.model_selection import train_test_split
//  获取准确率函数
from sklearn.metrics import accuracy_score
//  导入 Pandas 库并为其命名别名
import pandas as pd
```

2）使用以下代码对数据集进行读取，并且从中获取所需的特征部分和标签部分：

```
//   对于原始数据集重命名
data_url = "iris_train.csv"
//   通过 Pandas 库读取原始数据集
df = pd.read_csv(data_url)
//   读取原始数据集的第 1~4 列作为特征
X = df.iloc[:,1:5]
//   读取原始数据集的第 5 列作为类别标签
y = df.iloc[:,5]
```

鸢尾花数据集中的数据可分为 3 种类别，分别为山鸢尾（Iris-setosa）、变色鸢尾（Iris-versicolor）和维吉尼亚鸢尾（Iris-virginica）。数据集共有 150 条记录，每类各 50 个数据。每条记录包含 4 个特征：花萼长度、花萼宽度、花瓣长度、花瓣宽度，通过这 4 个特征就可以预测鸢尾花属于哪一个类别。表 12-1 给出了该数据集的前 20 行数据记录。

表 12-1   鸢尾花数据集的前 20 行数据记录

1		Sepal.Leng	Sepal.Widt	Petal.Leng	Petal.Widtl	Species
2	1	5.1	3.5	1.4	0.2	setosa
3	2	4.9	3	1.4	0.2	setosa
4	3	4.7	3.2	1.3	0.2	setosa
5	4	4.6	3.1	1.5	0.2	setosa
6	5	5	3.6	1.4	0.2	setosa
7	6	5.4	3.9	1.7	0.4	setosa
8	7	4.6	3.4	1.4	0.3	setosa
9	8	5	3.4	1.5	0.2	setosa
10	9	4.4	2.9	1.4	0.2	setosa
11	10	4.9	3.1	1.5	0.1	setosa
12	11	5.4	3.7	1.5	0.2	setosa
13	12	4.8	3.4	1.6	0.2	setosa
14	13	4.8	3	1.4	0.1	setosa
15	14	4.3	3	1.1	0.1	setosa
16	15	5.8	4	1.2	0.2	setosa
17	16	5.7	4.4	1.5	0.4	setosa
18	17	5.4	3.9	1.3	0.4	setosa
19	18	5.1	3.5	1.4	0.3	setosa
20	19	5.7	3.8	1.7	0.3	setosa

3）直接调用 Sklearn 库中的 train_test_split 函数将原始数据集划分为训练集和测试集，训练集和测试集的比例为 8 : 2。

```
//   划分训练集和测试集
X_train, X_test, y_train, y_test = train_test_split(X, y, test_size=0.2, random_
    state=0)
```

4）调用 SVM 分类器对鸢尾花数据集进行分类。

```
//   设置分类器为 SVM 分类器，并对其参数进行设置
```

```
clf = svm.SVC(C=0.5,kernel='linear', decision_function_shape='ovr')
//   对 SVM 分类器进行训练
clf.fit(X_train,y_train)
```

5）打印输出训练集与测试集的分类准确率。

```
//   输出训练集的准确率
print ('训练集准确率: ', accuracy_score(y_train, clf.predict(X_train)))
//   输出测试集的准确率
print ('测试集准确率: ', accuracy_score(y_test, clf.predict(X_test)))
```

运行本例的代码，可以得到训练集和测试集的分类准确率分别为 98.29% 和 100%，从而验证了 SVM 在鸢尾花数据集上的分类性能非常出色。

12.2.2   新闻文本数据分类

本节案例使用的新闻文本数据来自脱敏后的数据集，包括财经、彩票、房产、股票、家居、教育、科技、社会、时尚、时政、体育、星座、游戏和娱乐这 14 个类别的文本数据。数据集划分为训练集和测试集。其中，训练集包括 20 万条样本，测试集包括 5 万条样本。训练数据示例如下：

label	text
6	57 44 66 56 2 3 3 37 5 41 9 57 44 47 45 33 13 63 58 31 17 47 0 1 1 69 26 60 62 15 21 12 49 18 38 20 50 23 57 44 45 33 25 28 47 22 52 35 30 14 24 69 54 7 48 19 11 51 16 43 26 34 53 27 64 8 4 42 36 46 65 69 29 39 15 37 57 44 45 33 69 54 7 25 40 35 30 66 56 47 55 69 61 10 60 42 36 46 65 37 5 41 32 67 6 59 47 0 1 1 68

评价标准为类别 f1_score 的均值，将提交结果与实际测试集的类别进行对比，结果越大越好。计算公式如下所示。

$$Fl = 2 * \frac{(precision*recall)}{(precision+recall)}$$

首先，通过词袋模型和 SVM 对其进行实现，代码如下所示：

```
//   导入 Pandas 库并对其进行别名命名
//   从 Sklearn 库中导入词袋模型、f1_score、SVM 分类器
import pandas as pd
from sklearn.feature_extraction.text import CountVectorizer
from sklearn.metrics import f1_score
from sklearn.svm import SVC
//   通过 Pandas 库读取原始数据集
train_df = pd.read_csv('D:/dataset/train_set.csv', sep='\t')
//   通过词袋模型提取文本特征，并通过 SVM 进行分类
vectorizer = CountVectorizer(max_features=3000)
train_test = vectorizer.fit_transform(train_df['text'])
clf = SVC(kernel = 'linear')
clf.fit(train_test[:180000], train_df['label'].values[:180000])
val_pred0 = clf.predict(train_test[:180000])
```

```
val_pred = clf.predict(train_test[180000:])
print(f1_score (train_df['label'].values[:180000], val_pred0,digits = 4))
print(f1_score (train_df['label'].values[180000:], val_pred,digits = 4))
```

最终，训练集的 F1 值为 0.86，测试集的 F1 值为 0.88。

接下来，通过 TF-IDF 模型和 SVM 对其进行实现，代码如下所示：

```
//  导入 Pandas 库并对其进行别名命名
//  从 Sklearn 库中导入 TF-IDF 模型、f1_score、SVM 分类器
import pandas as pd
from sklearn.feature_extraction.text import TfidfVectorizer
from sklearn.metrics import f1_score
from sklearn.svm import SVC
//  通过 Pandas 库读取原始数据集
train_df = pd.read_csv('D:/dataset/train_set.csv', sep='\t')
//  通过 TF-IDF 模型提取文本特征，并通过 SVM 进行分类
tfidf = TfidfVectorizer(ngram_range=(1,2), max_features=1000)
train_test = tfidf.fit_transform(train_df['text'])
clf = SVC(kernel = 'linear')
clf.fit(train_test[:180000], train_df['label'].values[:180000])
val_pred0 = clf.predict(train_test[:180000])
val_pred = clf.predict(train_test[180000:])
print(f1_score(train_df['label'].values[:180000], val_pred0,digits = 4))
print(f1_score (train_df['label'].values[180000:], val_pred,digits = 4))
```

最终，训练集的 F1 值为 0.90，测试集的 F1 值为 0.91。可见，使用 SVM 能获得较好的性能。

12.3　本章小结

SVM 是机器学习中广泛应用的一种算法。本章回顾了 SVM 的可视化分析，通过 Scikit-learn Python 机器学习库对鸢尾花数据集实现了 SVM 分类，运行结果验证了 SVM 模型的可行性和普适性。最后，使用 SVM 实现了新闻文本分类。

第 13 章
神经网络分类

人工神经网络（Artificial Neural Network，ANN）也称为神经网络（Neural Network，NN）或连接模型（Connection Model）。它从信息处理的角度对人脑神经元网络进行抽象，建立某种简单模型，按不同的连接方式组成不同的网络。这种网络依靠系统的复杂程度，通过调整大量节点之间相互连接的关系，从而达到处理信息的目的。

13.1 多层人工神经网络

多层人工神经网络的学习通常采用误差反向传播(error Back Propagation，BP)算法，其原理如图 13-1 所示。整个算法的过程如下：①进行一次正向传播，路径为输入层→隐含层→输出层；②根据对比输出结果和目标的误差；③反向计算层传递权值的误差，调整权值；④再进行一次正向传播；⑤反复迭代，最终实现目标拟合。

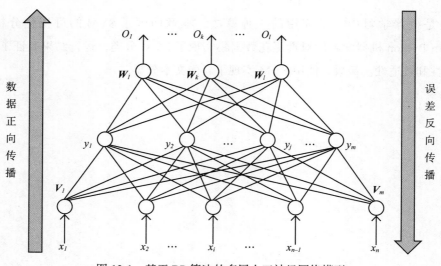

图 13-1　基于 BP 算法的多层人工神经网络模型

输入：

- 训练数据集，输入神经元有 d 个，隐含层神经元有 q 个，输出神经元有 l 个：

$$T = \{(\vec{x}_1, \vec{y}_1), (\vec{x}_2, \vec{y}_2), \cdots (\vec{x}_d, \vec{y}_d)\}, \vec{x}_i \varepsilon X \subseteq R^n, \vec{y}_i \in Y \subseteq R^n, i = 1, 2, \cdots, d$$

- 学习率 η。

输出：

- 输入层到隐含层的 $d \times q$ 个权值 $v_{ih}, i = 1, 2, \cdots, d, h = 1, 2, \cdots, q$。
- 隐含层到输出层的 $q \times l$ 个权值 $w_{hj}, h = 1, 2, \cdots, q, j = 1, 2, \cdots, l$。
- q 个隐含层神经元阈值 $\gamma_h, h = 1, 2, \cdots, q$。
- l 个输出神经元的阈值 $\theta_j, j = 1, 2, \cdots, l$。

因此，第 j 个隐含层神经元的输入为 $\alpha_j = \sum_{i=1}^{d} v_{ij} x_i$，第 k 个输出神经元的输入为 $\beta_k = \sum_{i=1}^{q} w_{ik} h_i$。在如图 13-2 所示的单隐含层神经网络中，第 3 个隐含层神经元的输入为 $\alpha_3 = \sum_{i=1}^{3} w_{i3} x_i$，第 2 个输出神经元的输入为 $\beta_2 = \sum_{i=1}^{4} w_{i2} h_i$。

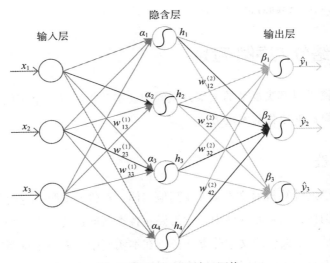

图 13-2　单隐含层神经网络

13.2　多层人工神经网络的代码实现

多层人工神经网络的代码实现如下：

```
# 导入相关包
from sklearn.neural_network import MLPClassifier
from sklearn.model_selection import train_test_split
from sklearn.metrics import accuracy_score
import pandas as pd
# 读取数据集
```

```
data_url = "diabetes.csv"
df = pd.read_csv(data_url)
X = df.iloc[:,0:8] # x 取所有行，第 1-8 列
y = df.iloc[:,8] # y 取所有行，第 9 列
X_train, X_test, y_train, y_test = train_test_split(X, y, test_size=0.2, random_
    state=0) # 将数据划分为训练集与测试集，测试集占 20%
# 构建神经网络分类器，并进行训练
clf = MLPClassifier(solver='sgd', alpha=1e-5,hidden_layer_sizes=(5, 2), random_
    state=1)  # 调用 MLPClassifier 多层感知机模型，solver 的默认值为 adam，用来优化权重；
    hidden_layer_sizes 表示有两个隐含层，第一层有 5 个神经元，第二层有 2 个神经元；alpha 的默认
    值为 0.0001，正则化项参数；random_state 随机数生成器的状态或种子。
clf.fit(X_train,y_train) # 训练模型

# 输出训练结果
print (' 训练集准确率: ', accuracy_score(y_train, clf.predict(X_train)))
print (' 测试集准确率: ', accuracy_score(y_test, clf.predict(X_test)))
```

运行结果如下：

```
训练集准确率: 0.6433224755700325
测试集准确率: 0.6883116883116883
```

13.3　神经网络分类案例实践

神经网络分类器可以解决复杂的文本分类问题。本节将通过一个实例来帮助读者更好地理解神经网络分类算法的流程与实现方法。

13.3.1　案例背景

文本分类是指借助计算机对文本集（或其他实体、物件）按照一定的分类体系或标准进行自动分类标记。例如，在新闻软件中，常需要对各类新闻进行归类，如何根据新闻标题尽可能准确地分类就是一个典型的文本分类任务。在本实例中，需要根据新闻标题文本和标签数据训练一个分类模型，然后根据测试集的新闻标题对文本进行分类。

13.3.2　数据说明

THUCNews 是对新浪新闻 RSS 订阅频道 2005 ～ 2011 年的历史数据筛选过滤后生成的，其中包含 74 万篇新闻文档（2.19GB），均为 UTF-8 纯文本格式。要求在原始新浪新闻分类体系的基础上，重新整合并按以下 14 个候选分类进行划分：财经、彩票、房产、股票、家居、教育、科技、社会、时尚、时政、体育、星座、游戏、娱乐。

数据集包含 752 471 条训练集数据和 80 000 条验证集数据，格式为"原文标题 +\t+ 标签"。数据集中还包括 83 599 条测试集数据，格式为"原文标题"。训练集和测试集的示例如表 13-1 和 13-2 所示。

表 13-1　训练集的数据示例

ID	原文标题	标签
0	网易第三季度业绩低于分析师预期	科技
1	巴萨 1 年前地狱重现这次却是天堂 再赴魔鬼客场必翻盘	体育
2	美国称支持向朝鲜提供紧急人道主义援助	时政
3	增资交银康联 交行夺参股险商首单	股票
4	午盘：原材料板块领涨大盘	股票

表 13-2　测试集的数据示例

ID	原文标题
0	北京君太百货璀璨秋色 满 100 省 353020 元
1	教育部：小学高年级将开始学习性知识
2	专业级单反相机 佳能 7D 单机售价 9280 元
3	星展银行起诉内地客户 银行强硬客户无奈
4	脱离中国的实际 强压人民币大幅升值只能是梦想

13.3.3　代码实现

本案例的代码实现如下：

```
# 导入相关包
import tensorflow as tf
import pandas as pd
import matplotlib.pyplot as plt
from tensorflow.keras import layers
from sklearn.model_selection import train_test_split
from collections import Counter
from gensim.models import Word2Vec
import numpy as np
import jieba
import time
from sklearn import preprocessing
from sklearn.metrics import precision_score, accuracy_score,recall_score,
    f1_score,roc_auc_score, precision_recall_fscore_support, roc_curve,
    classification_report

# (一) 数据读取与预处理
# 导入训练集、验证集、测试集
train_data=pd.read_csv("data/train.txt",sep='\t',names=['text','label'])
dev_data=pd.read_csv("data/dev.txt",sep='\t',names=['text','label'])
test_data=pd.read_csv("data/test.txt",sep='\t',names=['text'])
# 数据合并
all_train_data=pd.concat([train_data,dev_data],ignore_index=True)
x=all_train_data['text']
y=all_train_data['label']
y=y.values.reshape(y.shape[0],1)
# One-Hot 编码
enc = preprocessing.OneHotEncoder(categories='auto')
```

```
enc.fit(y)
y=enc.transform(y).toarray()
enc.categories_
```

运行代码的输出结果如下:

```
[array(['体育','娱乐','家居','彩票','房产','教育','时尚','时政','星座','游戏','社会',
        '科技','股票','财经'], dtype=object)]
```

```
# (二) 中文分词
# 去停用词
stopword_list = [k.strip() for k in open('stopwords.txt', encoding='utf-8') if
    k.strip() != '']
# 分词
cutWords_list = []
i = 0
for text in all_train_data['text']:
    cutWords = [k for k in jieba.cut(text) if k not in stopword_list] # 注意分词
    i += 1
cutWords_list.append(cutWords)
# 保存分词结果
with open('cutWords_list.txt', 'w',encoding="utf-8") as file:
    for cutWords in cutWords_list:
        file.write(' '.join(cutWords) + '\n')
```

表 13-1 中的 5 条训练集数据的分词结果如表 13-3 所示。

表 13-3　训练集前 5 条数据的分词结果

ID	分词
0	网易　第三季度　业绩　低于　分析师　预期
1	巴萨　年前　地狱　重现　却是　天堂　赴　魔鬼　客场　翻盘
2	美国　称　支持　朝鲜　提供　紧急　人道主义　援助
3	增资　交银康联　交行　夺　参股　险商　首单
4	午盘　原材料　板块　领涨　大盘

```
# (三) 生成词向量
# 训练词嵌入模型
w2v = Word2Vec(cutWords_list,vector_size=300,window=5,min_count=5,sample=1e-
    3,sg=1)
#window 为句子中当前单词与预测词之间的最大距离
#size 为词向量的维数
#min_count 表示忽略总频率低于此的所有单词
#sg 表示训练算法,其中 1 为 skip-gram,否则为 CBOW
#hs 如果是 1,则使用层次化的 Softmax 进行模型训练;如果为 0 或负数,则采用负采样
#cbow_mean 如果为 0,则使用上下文单词向量的和;如果是 1,使用平均数,只有在使用 CBOW 时才适用
#alpha 为初始学习率
#sample 表示配置高频词随机下采样的阈值,有效范围是 (0, 1e-5)。

w2v.save("bag") # 训练完成后保持模型到本地,一次训练多次使用
w2v = Word2Vec.load("bag") # 第一次训练完成后,后续只需使用加载本地模型即可
```

```python
def average(text,size=300):
    if len(text) < 1:
        return np.zeros(size)
    a = [w2v.wv[w] if w in w2v.wv else np.zeros(size) for w in text]
    length = len(a)
    summed = np.sum(a,axis=0)
    ave = np.divide(summed,length)
    return ave

# 构建语料库
list_corpus=[]
for i in cutWords_list:
    list_corpus.append(average(i))

# (四) 神经网络分类器
# 划分训练集、测试集
x_train,x_test,y_train,y_test = train_test_split(list_corpus,y,test_
    size=0.20,random_state=1)
x_train=pd.DataFrame(x_train)
x_test=pd.DataFrame(x_test)
x_train=x_train.values.reshape(x_train.shape[0],x_train.shape[1],1)
x_test=x_test.values.reshape(x_test.shape[0],x_test.shape[1],1)
y_train=np.array(y_train)
y_test=np.array(y_test)
x_train.shape,y_train.shape,x_test.shape,y_test.shape
num_classes=14 # label 中共有 14 个类


# 构建 TextCNN
cnn=tf.keras.Sequential([
        tf.keras.layers.Conv1D(input_shape=x_train.shape[1:],filters=32,kernel_
            size=5,strides=1,padding='same',activation='relu',name='conv1'),
        tf.keras.layers.MaxPool1D(pool_size=5,strides=2,name='pool1'),
        tf.keras.layers.Conv1D(filters=64,kernel_size=5,strides=1, padding=
            'same',activation='relu',name='conv2'),
        tf.keras.layers.MaxPool1D(pool_size=5,strides=2,name='pool2'),
        tf.keras.layers.Conv1D(filters=128,kernel_size=5,strides=1, padding=
            'same',activation='relu',name='conv3'),
        tf.keras.layers.MaxPool1D(pool_size=5,strides=2,name='pool3'),
        tf.keras.layers.Flatten(),
        tf.keras.layers.Dense(128,activation='relu',name='fc1'),
        tf.keras.layers.Dense(64,activation='relu',name='fc2'),
        tf.keras.layers.Dropout(0.5),
        tf.keras.layers.Dense(32,activation='relu',name='fc3'),
        tf.keras.layers.Dense(num_classes,activation='softmax',name='output')])
nadam = tf.keras.optimizers.Nadam(lr=1e-3) # lr 学习率
cnn.compile(optimizer=nadam,loss='categorical_crossentropy',metrics=['categoric
    al_accuracy']) # 设置优化器和损失函数
cnn.summary()# 查看模型基本信息
```

TextCNN 神经网络的结构如图 13-3 所示。

Model: "sequential"

Layer (type)	Output Shape	Param #
conv1 (Conv1D)	(None,300, 32)	192
pool1 (MaxPooling1D)	(None, 148, 32)	0
conv2 (Conv1D)	(None, 148, 64)	10304
pool2 (MaxPooling1D)	(None, 72, 64)	0
conv3 (Conv1D)	(None, 72,128)	41088
pool3 (MaxPooling1D)	(None, 34,128)	0
flatten (Flatten)	(None, 4352)	0
fc1 (Dense)	(None, 128)	557184
fc2 (Dense)	(None. 64)	8256
dropout (Dropout)	(None, 64)	0
fc3 (Dense)	(None, 32)	2080
output (Dense)	(None, 14)	462

Total params: 619,566
Trainable params:619,566
Non-trainable params: 0

图 13-3　TextCNN 神经网络结构

该神经网络包含三层卷积层（Conv1）及池化层（MaxPooling1D），然后用 Flatten 层连接两个全连接层（fc1、fc2）。Flatten 层可以把多维输入降为一维，实现从卷积层到全连接层的过渡。在全连接层（fc2）后进行 dropout，再连接全连接层（fc3），得到最终输出（output）。其中，dropout 的作用是在训练的时候停止训练一些神经元，从而缓解过拟合，在一定程度上达到正则化的效果。

```
# 训练网络
startTime = time.time()
history=cnn.fit(x_train,y_train,epochs=10,verbose=1)
print('迭代用时: %.2f 秒' % (time.time() - startTime))
```

训练结果如下：

```
Epoch 1/10: 20812/20812 - 280s 13ms/step - loss: 0.4896 - categorical_accuracy: 0.8575
Epoch 2/10: 20812/20812  - 280s 13ms/step - loss: 0.3884 - categorical_accuracy: 0.8854
Epoch 3/10: 20812/20812  - 280s 13ms/step - loss: 0.3678 - categorical_accuracy: 0.8909
Epoch 4/10: 20812/20812  - 277s 13ms/step - loss: 0.3556 - categorical_accuracy: 0.8947
Epoch 5/10: 20812/20812  - 283s 14ms/step - loss: 0.3459 - categorical_accuracy: 0.8974
Epoch 6/10: 20812/20812  - 280s 13ms/step - loss: 0.3410 - categorical_accuracy: 0.8988
Epoch 7/10: 20812/20812  - 281s 13ms/step - loss: 0.3352 - categorical_accuracy: 0.9006
Epoch 8/10: 20812/20812  - 286s 14ms/step - loss: 0.3307 - categorical_accuracy: 0.9021
Epoch 9/10: 20812/20812  - 284s 14ms/step - loss: 0.3267 - categorical_accuracy: 0.9030
Epoch 10/10: 20812/20812  - 283s 14ms/step - loss: 0.3232 - categorical_accuracy: 0.9044
迭代用时: 2813.61 秒
```

```
# 绘制损失函数
plt.plot(history.history['loss'])
plt.legend(['training'], loc='upper left')
plt.show()
```

得到的损失函数曲线如图 13-4 所示。

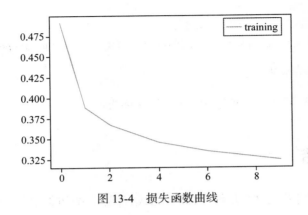

图 13-4　损失函数曲线

在损失函数曲线中，可以观察到两个拐点，分别出现在 Epoch 1 和 Epoch 4 处。在
Epoch 4 后，模型的损失很快收敛至 0.325 上下，损失函数曲线趋于平缓，根据肘部法原理，
可以认为模型训练是有效的。

```
# 生成分类结果
# 测试集分词
x_test=test_data['text']
cutWords_test_list = []
i = 0


for text in x_test:
    cutWords = [k for k in jieba.cut(text) if k not in stopword_list]
    i += 1
cutWords_test_list.append(cutWords)
# 建立语料库
test_list_corpus=[]
for i in cutWords_test_list:
    test_list_corpus.append(average(i))
x_test=pd.DataFrame(test_list_corpus)
x_test=x_test.values.reshape(x_test.shape[0],x_test.shape[1],1)
x_test.shape
# sortmax 结果转 onehot
def props_to_onehot(props):
    if isinstance(props, list):
        props = np.array(props)
    a = np.argmax(props, axis=1)
    b = np.zeros((len(a), props.shape[1]))
    b[np.arange(len(a)), a] = 1
```

```
    return b
# 预测分类结果
res=cnn.predict(x_test)
final=enc.inverse_transform(props_to_onehot(res))
final=final.reshape(final.shape[0],)
final
```

分类结果如下：

```
array(['家居','教育','科技', ..., '房产','科技','教育'], dtype=object)
```

最终评价指标的结果如下：

```
Accuracy = 分类正确数量 / 需要分类总数量 = 79.69354%
```

13.4 本章小结

多层人工神经网络若包含有足够多神经元的隐含层，就能够以任意精度逼近任意复杂度的连续函数。但是，如何设置隐含层神经元的个数是需要思考的问题。训练 BP 神经网络非常耗时，但分类速度较快。它的表达能力非常强大，且对噪声敏感，因此可能遇到过拟合。同时，若其训练误差降低，测试误差将会提高。

## 第 14 章

集 成 学 习

在机器学习中，监督式学习可以描述为：对于一个具体问题，从假设空间中搜索一个具有较好且相对稳定的预测效果的模型。有时候，多个假设各有优点，我们很难选出其中最好的假设。集成学习就是通过组合多个"假设"来得到一个较优的"假设"。换句话说，集成学习就是通过组合许多弱模型来得到一个强模型。如果一个模型的准确率在 60% ～ 80% 之间，即准确率比随机预测略好，但仍不太高，那么可以称之为"弱分类器"。反之，如果模型准确率在 90% 以上，则是强分类器。

14.1 Bagging 方法

Bagging 方法也称为自举汇聚法（Bootstrap Aggregating），其思想是：在原始数据集上使用划分或采样的方式，选择 t 个相同大小的子数据集来分别训练 t 个分类器。如果数据集规模大，则划分成多个小数据集，学习多个模型进行组合。如果数据集规模小，则利用 Bootstrap 方法进行采样，得到多个数据集，分别训练多个模型后再进行组合。也就是说，这些模型的训练数据中可以存在重复数据。使用 Bagging 方法训练出来的模型在预测新样本分类的时候，会使用多数投票或者求均值等方式来统计最终的分类结果。

Bagging 算法的训练过程与预测过程如下：

1）对于给定的训练样本 D，每轮从训练样本 D 中采用有放回抽样（Bootstraping）的方式抽取 m 个训练样本，共进行 n 轮，得到 n 个样本集合。需要注意的是，这里的 n 个样本集合之间是相互独立的。

2）在获取了样本集合之后，每次使用一个样本集合得到一个预测模型。对于 n 个样本集合来说，总共可以得到 n 个预测模型。

3）如果需要解决的是分类问题，那么可以对前面得到的 n 个模型采用投票的方式得到分类的结果。对于回归问题来说，可以采用计算模型均值的方法作为最终预测的结果。

Bagging 算法的过程如图 14-1 所示。

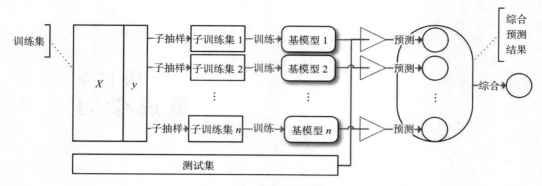

图 14-1   Bagging 算法的过程

在 Python 中，可以调用 Sklearn 中的 BaggingClassifier 实现 Bagging 算法，其代码实现如下：

```
# 导入包
from sklearn.ensemble import BaggingClassifier
from sklearn.neighbors import KNeighborsClassifier
from sklearn.model_selection import train_test_split
from sklearn.metrics import accuracy_score
import pandas as pd
data_url = "iris_train.csv"
df = pd.read_csv(data_url)
X = df.iloc[:,1:5]
y = df.iloc[:,5]
X_train, X_test, y_train, y_test = train_test_split(X, y, test_size=0.2, random_
    state=0)
# 参数说明: base_estimator: 基分类器 max_samples: 最大样本数目 max_features: 最大特征
clf = BaggingClassifier(base_estimator=KNeighborsClassifier(),max_samples=0.5,
max_features=0.5)
clf.fit(X_train,y_train)
print ('训练集准确率: ', accuracy_score(y_train, clf.predict(X_train)))
print ('测试集准确率: ', accuracy_score(y_test, clf.predict(X_test)))
```

运行结果如下：

```
训练集准确率: 0.9401709401709402
测试集准确率: 0.9666666666666667
```

在 Sklearn 中调用 BaggingClassifier 时，有几个重要的参数对算法性能有较大影响。其中，n_estimators 表示要集成的基分类器的个数，max_samples 表示从 x_train 中抽取的用于训练基分类器的样本数量，max_features 表示从 x_train 中抽取的训练基分类器的特征数量。为更好地验证以上参数对算法性能的影响，下面对参数进行修改并观察代码运行结果。

```
# 修改参数: n_estimators=20, max_samples=0.6, max_features=0.4
clf = BaggingClassifier(KNeighborsClassifier(), n_estimators=20, max_samples=0.6,
    max_features=0.4)
```

运行结果如下：

训练集准确率：0.9401709401709402
测试集准确率：0.9666666666666667

再次修改参数，观察代码的运行结果：

```
# 修改参数为: n_estimators=30, max_samples=0.8, max_features=0.1
clf = BaggingClassifier(KNeighborsClassifier(), n_estimators=30, max_samples=0.8,
    max_features=0.1)
```

运行结果如下：

训练集准确率：0.9658119658119658
测试集准确率：0.9333333333333333

14.2 随机森林

随机森林是一种集成学习模型，它利用集成学习的思想将多棵树集成起来，它的基本单元是决策树。随机森林具有较好的泛化能力，能够有效地处理多种类型的数据集，并对数据的缺失和异常具有较强的鲁棒性。随机森林分类器是由一系列相互独立的树状分类器组成的，如图14-2所示。

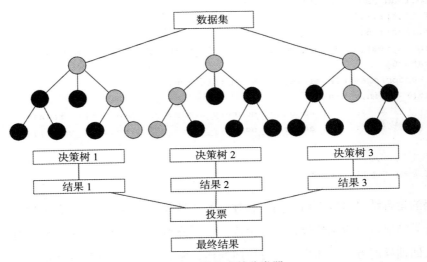

图 14-2 随机森林分类器

随机森林的采样方式主要有两种：行采样和列采样。其中，行采样是以有放回的方式对每一行数据进行采样，列采样是以一定的方式从数据集的每一个特征中选择一部分特征。在随机森林的生成过程中，每棵树特征选择的数量 m 非常重要。随机森林分类效果（错误率）与两个因素有关：

1）森林中任意两棵树的相关性：相关性越大，错误率越大（说明基分类器的差异性越小）。

2）森林中每棵树的分类能力：每棵树的分类能力越强，整个森林的错误率越低（基分类器准确率高）。

如果减少特征选择个数 m，树的相关性和分类能力会随之降低；如果增大特征选择个数 m，树的相关性和分类能力会随之增大。所以，关键问题是如何选择最优的 m。

随机森林分类器的主要优点如下：

1）样本的随机选择和特征的随机选择使得随机森林不容易陷入过拟合。

2）样本的随机选择和特征的随机选择使得随机森林具有很好的抗噪声能力。

3）对数据集的适应能力强，既能处理离散型数据，也能处理连续型数据。

4）能够处理具有高维特征的输入样本，而且不需要降维。

5）在缺失数据的情况下也能获得很好的结果。

随机森林分类器主要通过，RandomForestClassifier 函数实现，代码如下：

```
from sklearn.ensemble import RandomForestClassifier
from sklearn.model_selection import train_test_split
from sklearn.metrics import accuracy_score
import pandas as pd
data_url = "iris_train.csv"
df = pd.read_csv(data_url)
X = df.iloc[:,1:5]
y = df.iloc[:,5]
X_train, X_test, y_train, y_test = train_test_split(X, y, test_size=0.2, random_
    state=0)
clf = RandomForestClassifier(n_estimators=100)
clf.fit(X_train,y_train)
print ('训练集准确率: ', accuracy_score(y_train, clf.predict(X_train)))
print ('测试集准确率: ', accuracy_score(y_test, clf.predict(X_test)))

训练集准确率: 1.0
测试集准确率: 0.9333333333333333
```

从代码的运行结果可以看出，随机森林分类器具有很好的准确性和鲁棒性。对若干个弱分类器的分类结果进行投票选择，可以组成一个强分类器。此外，训练每棵树时，需对训练集采用有放回抽样的方式。如果不是有放回抽样，那么每棵树的训练样本都是不同的，样本之间没有交集，这样每棵树都是"有偏的""片面的"。也就是说，训练出的每棵树都有很大的差异；而随机森林的最终分类取决于多棵树（弱分类器）的投票表决，这种表决应该是"求同"，因此使用完全不同的训练集来训练每棵树对最终分类结果是没有帮助的，这样无异于"盲人摸象"。

改变随机森林中树的规模参数 n_estimators，观察程序的运行结果。

- n_estimators=10

```
from sklearn.ensemble import RandomForestClassifier
from sklearn.model_selection import train_test_split
from sklearn.metrics import accuracy_score
import pandas as pd
data_url = "iris_train.csv"
df = pd.read_csv(data_url)
X = df.iloc[:,1:5]
y = df.iloc[:,5]
X_train, X_test, y_train, y_test = train_test_split(X, y, test_size=0.2, random_
    state=0)
clf = RandomForestClassifier(n_estimators=10)
clf.fit(X_train,y_train)
print ('训练集准确率: ', accuracy_score(y_train, clf.predict(X_train)))
print ('测试集准确率: ', accuracy_score(y_test, clf.predict(X_test)))
```

```
训练集准确率: 0.9829059829059829
测试集准确率: 1.0
```

- n_estimators=1000

```
from sklearn.ensemble import RandomForestClassifier
from sklearn.model_selection import train_test_split
from sklearn.metrics import accuracy_score
import pandas as pd
data_url = "iris_train.csv"
df = pd.read_csv(data_url)
X = df.iloc[:,1:5]
y = df.iloc[:,5]
X_train, X_test, y_train, y_test = train_test_split(X, y, test_size=0.2, random_
    state=0)
clf = RandomForestClassifier(n_estimators=1000)
clf.fit(X_train,y_train)
print ('训练集准确率: ', accuracy_score(y_train, clf.predict(X_train)))
print ('测试集准确率: ', accuracy_score(y_test, clf.predict(X_test)))
```

```
训练集准确率: 1.0
测试集准确率: 0.9666666666666667
```

注意，在本次实践中，将特征选择个数从 100 修改为 10 之后，训练集准确率下降，但是测试集准确率上升；将特征选择个数调节至 1000 之后，测试集准确率比设置为 100 时高。这说明 m 的选取应适度，不能过大也不能过小，要在一定区间内选取。

14.3 Adaboost

AdaBoost 算法也称为自适应增强（Adaptive Boosting）算法，是一种非常重要的集成学习技术。该算法主要针对同一个训练集训练不同的分类器（弱分类器），然后把这些弱分类器集成起来构成一个更强的最终分类器（强分类器）。该算法可有效地提高分类精度，同时对异常值和噪声数据有较强的鲁棒性。

Adaboost 算法对原始数据先学习第一个弱分类器，再对第一个分类器的错误样本学习第二个弱分类器，然后对第二个弱分类器的错误样本学习第三个弱分类器，依次继续，最终把多个分类器进行加权求和，并打上类别标签。

Adaboost 算法可以调用 AdaBoostClassifier 函数实现。

1）使用默认参数：n_estimators=50, learning_rate=1，代码如下：

```
from sklearn.ensemble import AdaBoostClassifier
from sklearn.model_selection import train_test_split
from sklearn.metrics import accuracy_score
import pandas as pd
data_url = "iris_train.csv"
df = pd.read_csv(data_url)
X = df.iloc[:,1:5]
y = df.iloc[:,5]
X_train, X_test, y_train, y_test = train_test_split(X, y, test_size=0.2, random_
    state=0)
clf = AdaBoostClassifier(n_estimators=50, learning_rate=1)
clf.fit(X_train,y_train)
print ('训练集准确率: ', accuracy_score(y_train, clf.predict(X_train)))
print ('测试集准确率: ', accuracy_score(y_test, clf.predict(X_test)))
```

运行结果如下，可以看到，分类器在训练集上的准确率为 95.73%，测试集的准确率达到 96.67%，说明数据拟合较好，并且具有较强的泛化能力。

```
训练集准确率: 0.9572649572649573
测试集准确率: 0.9666666666666667
```

2）修改参数，设置 n_estimators=100，其余代码不变，进行测试。

```
clf = AdaBoostClassifier(n_estimators=100, learning_rate=1)
```

运行结果如下，可以看到，分类器在训练集上的准确率为 96.58%，优于 n_estimators=50 次的结果；测试集准确率达到 93.33%，低于 n_estimators=50 的结果。

```
训练集准确率: 0.9658119658119658
测试集准确率: 0.9333333333333333
```

3）修改参数，设置 n_estimators=20，其余代码不变，进行测试。

```
clf = AdaBoostClassifier(n_estimators=20, learning_rate=1)
```

运行结果如下，可以看到，分类器在训练集上的准确率为 96.58%，测试集准确率达到 93.33%，结果与 n_estimators=100 相同，但低于 n_estimators=50 的结果。

```
训练集准确率: 0.9658119658119658
测试集准确率: 0.9333333333333333
```

4）不再使用默认弱分类学习器，用 SVC 作为基本估计量，其余为默认参数。

```
# Import Support Vector Classifier
from sklearn.svm import SVC
#Import scikit-learn metrics module for accuracy calculation
from sklearn import metrics
svc=SVC(probability=True, kernel='linear')
import pandas as pd
data_url = "iris_train.csv"
df = pd.read_csv(data_url)
X = df.iloc[:,1:5]
```

运行结果如下，可以看到分类器在训练集上的准确率为 96.58%，大于默认参数的准确率 95.73%，测试集准确率达到 96.67%，结果与默认参数相同。整体来说，训练集的精度有所上升。

```
训练集准确率：0.9658119658119658
测试集准确率：0.9666666666666667
```

5）继续使用 SVC 作为基本估计量，将学习率改为 0.7。

```
clf = AdaBoostClassifier(n_estimators=50, base_estimator=svc, learning_rate=0.7)
```

运行结果如下，训练集上的准确率继续提升，达到 98.29%；测试集准确率仍为 96.67%，结果与默认设置时相同。

```
训练集准确率：0.9829059829059829
测试集准确率：0.9666666666666667
```

14.4　GBDT

GBDT 算法是一种可迭代的决策树算法，由多棵决策树组成，将数据集分散至各个决策树，每个决策树都会产生一个结果，对这些结果进行多数投票或者平均之后，将每个树得出的结论累加，得到最终答案。

GBDT 算法的特点如下：

1）由多棵决策树构成（通常有上百棵树），但每棵树规模较小（即树的深度比较浅）。

2）进行模型预测的时候，对于输入的一个样本实例，会遍历每一棵决策树，每棵树都会对预测值进行调整修正，最后得到预测的结果，即

$$F(X) = F_0 + \beta_1 T_1(X) + \beta_2 T_2(X) + \cdots + \beta_M T_M(X)$$

3）既可用于分类也可以用于回归。

下面以房价预测为例来说明算法的过程。一套房子的价格由三个特征决定：房子的面积、是否在内环、是否学区房。可构造出 4 棵决策树，构成单层决策树，如图 14-3 所示。

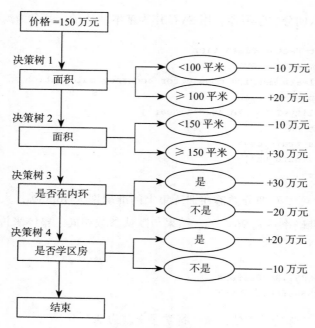

图 14-3   房价决策树

如果将初值设为价格的均值 150 万元，那么一个面积为 120 平米的内环非学区房的价格预测值为 150+20−10+30−10=180 万元。

从房价预测的例子可以看出：GBDT 算法是通过迭代多棵树来共同决策，并把所有树的结论累加起来作为最终结论，所以每棵树的结论并不是房价本身，而是房价的一个累加量。每一棵树学习到的是之前所有树的结论和的残差，这个残差表示的是，通过对预测值进行累加，能够得到真实值的累加量。图 14-4 说明了 GBDT 算法的训练过程。

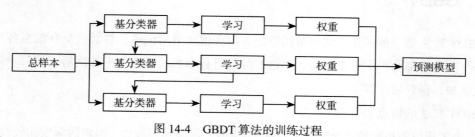

图 14-4   GBDT 算法的训练过程

下面通过例子来说明计算过程，房价信息如表 14-1 所示。

表 14-1   房价信息

面积	是否内环	房价
92	否	15
90	是	19
120	否	23
130	是	27

　　房价集合为 [15,19,23,27]，它们的均值为 21。其中，面积小于 100 的房价为 [15,19]，均值为 17，因此面积小于 100 时，其残差为 A=−2，B=2；面积大于等于 100 的房价为 [23,27]，均值为 25，因此面积大于等于 100 时，其残差为 C=−2，D=2。首次计算残差的过程如图 14-5 所示，残差表见表 14-2。

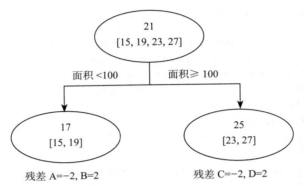

图 14-5　首次计算残差

表 14-2　残差表

面积	是否内环	房价残差
92	否	−2
90	是	2
120	否	−2
130	是	2

　　将残差集合 [−2,2,−2,2] 作为迭代输入，它们的均值为 0。其中，外环的首次残差为 [−2,−2]，均值为 −2，因此对于外环，其迭代后残差为 A=0，C=0；内环的首次残差为 [2,2]，均值为 2，因此对于内环，其残差为 B=0，D=0。第二次计算残差的过程如图 14-6 所示。

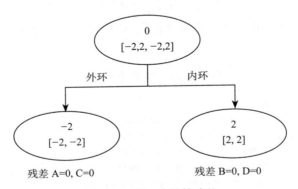

图 14-6　第二次计算残差

　　从这个例子可以看出，GBDT 可以防止过拟合，同时每一步的残差计算实际上变相地增大了错误分类数据的权重，而已经分类正确的数据权重则趋向于 0。

14.4.1 GradientBoostingClassifier 函数

GradientBoostingClassifier 函数可以实现 GBDT 算法，用于解决分类问题。它的目标是通过逐步添加新的决策树模型来优化分类准确性，也就是将输入数据映射到某种预定义的类别。

GradientBoostingClassifier 的代码实现如下：

```
1   from sklearn.ensemble import GradientBoostingClassifier
2   from sklearn.model_selection import train_test_split
3   from sklearn.metrics import accuracy_score
4   import pandas as pd
5   data_url = "iris_train.csv"
6   df = pd.read_csv(data_url)
7   X = df.iloc[:,1:5]
8   y = df.iloc[:,5]
9   X_train, X_test, y_train, y_test = train_test_split(X, y, test_size=0.2,
        random_state=0)
10  clf = GradientBoostingClassifier(n_estimators=100, learning_rate=1.0,max_
        depth=1, random_state=0)
11  clf.fit(X_train,y_train)
12  print ('训练集准确率: ', accuracy_score(y_train, clf.predict(X_train)))
13  print ('测试集准确率: ', accuracy_score(y_test, clf.predict(X_test)))>
```

代码的运行结果如下：

```
训练集准确率: 1.0
测试集准确率: 0.9333333333333333
```

14.4.2 GradientBoostingRegressor 函数

GradientBoostingRegressor 函数是一种基于 GBDT 的算法实现，可用于解决回归问题。它的目标是通过逐步添加新的决策树模型来优化回归的准确性，也就是预测连续的数值结果而不是离散的类别。

GradientBoostingRegressor 函数的代码实现如下：

```
1   import pandas as pd
2   from sklearn.linear_model import SGDRegressor
3   from sklearn.pipeline import make_pipeline
4   from sklearn.preprocessing import StandardScaler
5   from sklearn.model_selection import train_test_split
6   from sklearn.metrics import mean_squared_error
7   train_csv ='trainOX.csv'
8   train_data = pd.read_csv(train_csv)
9   train_data.drop(['ID','date','hour'],axis=1,inplace=True)
10  X = train_data.iloc[:,0:10]
11  y = train_data.iloc[:,10]
```

```
12  X_train, X_val, y_train, y_val = train_test_split(X, y, test_size=0.2, random_
        state=42)
13  reg = make_pipeline(StandardScaler(),SGDRegressor(max_iter=1000, tol=1e-3))
14  reg.fit(X_train, y_train)
15  y_val_pre = reg.predict(X_val)
16  print("Mean squared error: %.2f" % mean_squared_error(y_val, y_val_pre ))
```

代码的运行结果如下：

```
Mean squared error: 6078.46
```

14.5 XGBoost

XGBoost 算法在 GBDT 算法的基础上进行了改进，使模型效果得到大大提升。该算法的核心是采用集成思想将多个弱学习器整合为一个强学习器。也就是说，使用多棵树共同决策，每棵树的结果都是目标值与之前所有树的预测结果之差，将所有的结果累加，最终获得整体模型效果的提升。

14.5.1 XGBClassifier 函数

调用 Sklearn 库中的 XGBClassifier 函数可以实现 XGBoost 算法，完成分类任务。

XGBClassifier 函数的代码实现如下：

```
1   from xgboost import XGBClassifier
2   from sklearn.model_selection import train_test_split
3   from sklearn.metrics import accuracy_score
4   import pandas as pd
5   data_url = "iris_train.csv"
6   df = pd.read_csv(data_url)
7   X = df.iloc[:,1:5]
8   y = df.iloc[:,5]
9   X_train, X_test, y_train, y_test = train_test_split(X, y, test_size=0.2,
        random_state=0)
10  clf = XGBClassifier()
11  clf.fit(X_train,y_train)
12  print ('训练集准确率: ', accuracy_score(y_train, clf.predict(X_train)))
13  print ('测试集准确率: ', accuracy_score(y_test, clf.predict(X_test)))
```

代码的运行结果如下：

```
训练集准确率: 1.0
测试集准确率: 0.9333333333333333
```

14.5.2 XGBRegressor 函数

调用 Sklearn 库中的 XGBRegressor 函数可以实现 XGBoost 算法，解决回归问题。

XGBRegressor 函数的代码实现如下:

```
1   from sklearn.model_selection import train_test_split
2   from sklearn.metrics import mean_squared_error
3   import xgboost as xgb
4   import pandas as pd
5   train_csv ='trainOX.csv'
6   train_data = pd.read_csv(train_csv)
7   train_data.drop(['ID','date','hour'],axis=1,inplace=True)
8   X = train_data.iloc[:,0:10]
9   y = train_data.iloc[:,10]
10  X_train, X_val, y_train, y_val = train_test_split(X, y, test_size=0.2, random_
      state=42)
11  reg = xgb.XGBRegressor(max_depth=5, learning_rate=0.1, n_estimators=160,
      silent=False, objective='reg:linear')
12  reg.fit(X_train, y_train)
13  y_val_pre = reg.predict(X_val)
14  print("Mean squared error: %.2f" % mean_squared_error(y_val, y_val_pre ))
```

代码的运行结果如下:

```
Mean squared error: 4629.73
```

14.6　房价预测案例实践

本节利用房价预测问题来说明采用随机森林方法进行分类和预测的过程。数据集中主要包括 2014 年 5 月至 2015 年 5 月美国 King County 的房屋销售价格以及房屋的基本信息。数据分为训练数据和测试数据,分别保存在 train.csv 和 test_noLabel.csv 两个文件中。算法通过计算平均预测误差来衡量回归模型的优劣。平均预测误差越小,说明回归模型越好。

训练数据包括 10 000 条记录,14 个字段,主要字段说明如下:

- 第 1 列为"销售日期",即 2014 年 5 月到 2015 年 5 月房屋出售时的日期。
- 第 2 列为"销售价格",即房屋交易价格,单位为美元,是目标预测值。
- 第 3 列为"卧室数",即房屋中的卧室数目。
- 第 4 列为"浴室数",即房屋中的浴室数目。
- 第 5 列为"房屋面积",即房屋里的生活面积。
- 第 6 列为"停车面积",即停车坪的面积。
- 第 7 列为"楼层数",即房屋的楼层数。
- 第 8 列为"房屋评分",即 King County 房屋评分系统对房屋的总体评分。
- 第 9 列为"建筑面积",即除了地下室之外的房屋建筑面积。
- 第 10 列为"地下室面积",即地下室的面积。

- 第 11 列为"建筑年份"，即房屋建成的年份。
- 第 12 列为"修复年份"，即房屋上次修复的年份。
- 第 13 列为"纬度"，即房屋所在纬度。
- 第 14 列为"经度"，即房屋所在经度。

采用随机森林分类器，代码如下所示：

```python
import numpy as np
import pandas as pd
train_data = pd.read_csv( 'train.csv' )
test_data = pd.read_csv( 'test_noLabel.csv' )
test_data_origin = test_data.copy()
#ID 列无用，删除
train_data.drop( 'ID', axis=1, inplace=True )
test_data.drop( 'ID', axis=1, inplace=True )
train_data['sale_date'] = pd.to_datetime( train_data['sale_date'],
    format='%Y%m%d' )
test_data['sale_date'] = pd.to_datetime( test_data['sale_date'], format='%Y%m%d' )
print( train_data['sale_date'].dtype, test_data['sale_date'].dtype )
train_data['sale_month'] = train_data['sale_date'].apply( lambda x: x.month )
train_data['sale_day'] = train_data['sale_date'].apply( lambda x: x.day )
test_data['sale_month'] = test_data['sale_date'].apply( lambda x: x.month )
test_data['sale_day'] = test_data['sale_date'].apply( lambda x: x.day )
train_data.drop( 'sale_date' ,axis=1, inplace=True )
test_data.drop( 'sale_date' ,axis=1, inplace=True )
price_mean = np.mean( train_data['price'] )
price_std = np.std( train_data['price'] )
train_data = train_data.apply( lambda x: ( x - np.mean(x) ) / np.std( x ) )
test_data = test_data.apply( lambda x: ( x - np.mean(x) ) / np.std( x ) )
x_train = train_data.iloc[:, 1:]
y_train = train_data[ 'price' ]
from sklearn.ensemble import RandomForestClassifier
model= RandomForestClassifier(n_estimators=100)
model.fit(x_train, y_train.astype('str'))
predicted= model.predict(test_data)
predicted=np.array([float(x) for x in predicted])
predicted = predicted * price_std + price_mean
data_save = pd.DataFrame( { 'ID':test_data_origin['ID'], 'price': predicted } )
data_save.to_csv( './DC_House_Price.csv', index=False )
data_save.head()
```

可以看出，尽管随机森林方法有较好的鲁棒性，能够对大多数模型进行较好地回归拟合，但在实战中也暴露出很多问题：首先是拟合效果欠佳，loss 值为 0.3443；其次是时间开销相对较高，代码平均效率偏低。

接下来对结果进行分析。根据如下代码进行相关性分析，可以得到不同属性之间的相关性热力图（如图 14-7 所示）。通过热力图可以初步分析出，房屋属性中的销售日期、卧室数、浴室数、房屋面积与房屋价格的相关性最高，其余属性与房屋价格的相关性较小，其中房屋的经度和纬度对房屋价格的影响最小。但是，这并不表明房屋的地理位置不重要，只是地理位置的重要性很难通过经度和纬度反映，而是与是否在市中心、医院附近、学校附近等因素有关。经度和纬度呈现的是某一片区域的凸起，这种情况通过函数拟合效果欠佳。

```python
import numpy as np
k = 10
plt.figure(figsize=(12,9))
cols = corrmat.nlargest(k, '销售价格')['销售价格'].index
cm = np.corrcoef(data[cols].values.T)
sns.set(font_scale=1.25)
hm = sns.heatmap(cm, cbar=True, annot=True, square=True, fmt='.2f', annot_
    kws={'size': 10}, yticklabels=cols.values, xticklabels=cols.values)
plt.show()
```

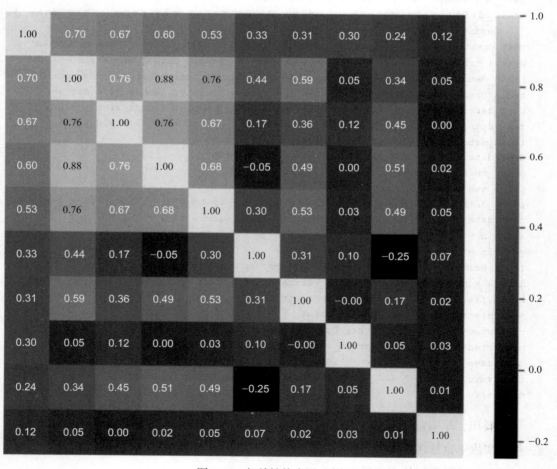

图 14-7　相关性热力图（彩插）

最后，结合具体数据，再来观察不同属性之间的数据分布情况，利用 Matplotlib 画出联合属性分布散点图（如图 14-8 所示），代码如下：

```
import pandas_profiling
df = pd.concat([pd.read_csv('data/train_1.csv'),pd.read_csv('data/label_1.
    csv')],axis=1)
#pandas_profiling.ProfileReport(df)
profile = df.profile_report(title="Census Dataset")
profile.to_file(output_file="census_report.html")
df = pd.concat([pd.read_csv('data/train_1.csv'),pd.read_csv('data/label_1.
    csv')],axis=1)
col =[ 'NumOfBeedroom', 'NumOfBathroom', 'NumOfFloor', 'AreaOfHouse',
    'AreaOfParking',  'Rating', 'AreaOfBuilding', 'AreaOfUnderGround',  'Price']
sns.pairplot(df[col])
plt.show()
```

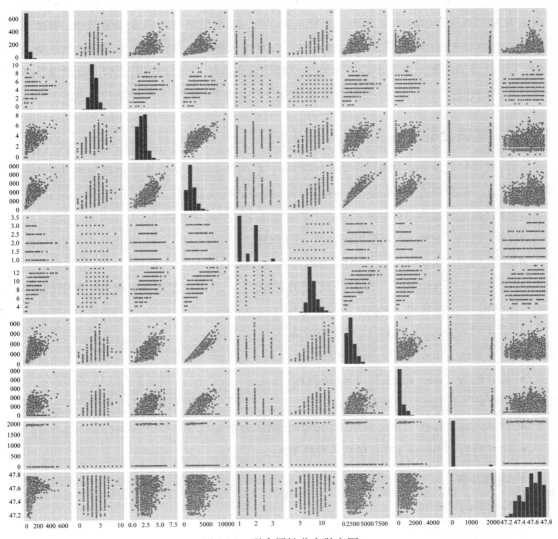

图 14-8　联合属性分布散点图

结合属性分析，可以看出，在房价预测模型中部分属性相关性较高，存在冗余，例如房屋面积和卧室数、浴室数。同时，存在干扰因素很明显的属性，会带来较大误差和离群点。在针对特征进行融合后，loss 值有所降低（为 0.2993），综合性能到提升。

14.7 点击欺骗预测案例实践

14.7.1 案例背景

点击欺骗是在互联网广告上花费大量预算的广告主们最痛恨的现象，它是指有恶意或欺诈目的的点击，换句话说，是指意在通过人为方式增加广告客户支出或发布商收入的点击。"点击欺骗"不仅会影响单个搜索引擎服务提供商，还会波及整个搜索引擎行业。搜索引擎营销专业组织的一项调查显示，有 16% 的广告客户和搜索引擎营销公司都认为点击欺骗是一个非常严重的问题。如果不能有效地鉴别和防止更多的"点击欺骗"，势必会严重影响广告客户对互联网广告的信心，这对整个搜索引擎行业而言会带来无法想象的后果。

14.7.2 数据分析

点击欺诈问题使用的数据为一段时间内用户在网站上的点击数据。数据分为训练数据和测试数据，分别保存在 train.csv 和 test_noLabel.csv 两个文件中。

训练数据集包括 500 000 条记录，9 个字段，主要字段说明如下：

- 第 1 列为"android_id"，即对外广告位 ID。
- 第 2 列为"apptype"，即 App 所属分类。
- 第 3 列为" carrier"，指设备使用的运营商，其中 0 为未知，46000 为中国移动，46001 为中国联通，46003 为中国电信。
- 第 4 列为"dev_height"，指设备的高。
- 第 5 列为"dev_ppi"，指屏幕分辨率。
- 第 6 列为"dev_width"，指设备的宽。
- 第 7 列为"label"，指是否点击。
- 第 8 列为"lan"，指设备采用的语言，默认为中文。
- 第 9 列为"media_id"，指对外媒体 ID。

1. 观察数据

观察数据的代码如下：

```
15  # 观察数据是否平衡
16  train=pd.read_csv("train.csv",sep=",")
```

```
17  print(" 正样本数量 {}, 负样本数量 {}".format(len(train[train.label==1]),len(train
        [train.label==0])))
```

根据数据平衡性的观察可知，正负样本数量大致相同，无须进行过采样或欠采样等针对不平衡分类的处理。

```
18  # 观察数据
    train.head(5)
```

数据显示表如下：

android_id	dev_ppi	label	timestamp	fea1_hash	cus_type
0	0.0	0.0	1438873	0	2329670524
1	0.0	0.0	1185582	1	2864801071
2	760.0	360.0	1555716	2	628911675
3	2214.0	1080.0	1093419	3	1283809327
4	2280.0	1080.0	1400089	4	1510695983

初步观察，大致了解数据特征及标签含义，发现含有大量离散属性。

```
19  train.describe()
```

数据统计表结果如下：

android_id	dev_ppi	label	timestamp	fea1_hash	cus_type
500000.000000	500000.000000	500000.000000	5.000000e+05	500000.000000	5.000000e+05
249999.500000	1264.986626	703.486166	1.500335e+06	96.040504	2.300866e+09
144337.711635	853.371330	505.751343	2.884292e+05	85.652740	1.236593e+09
0.000000	0.000000	0.000000	1.000005e+06	−1.000000	1.240000e+04
124999.750000	720.000000	360.000000	1.250850e+06	23.000000	1.376752e+09
249999.500000	1280.000000	720.000000	1.500358e+06	64.000000	2.490131e+09
374999.250000	2040.000000	1080.000000	1.750028e+06	154.000000	3.062465e+09
499999.000000	9024.000000	8832.000000	1.999999e+06	330.000000	4.291920e+09

```
20  test=pd.read_csv("test1.csv",sep=",")
21  print(train.shape)
22  print(test.shape)
```

```
(500000, 21)
(150000, 20)
```

通过构建数据的特征字典（第 23 行～第 41 行），可看出 android_id、sid、fea_hash 字段与训练集的大小基本相同，因此不选作特征。而对于 os 字段，通过观察字典内容 {'android': 1, 'Android': 2} 可以知道，它包含的都是 "android" 这个类型，并不包含其他内容，因此也可以舍弃。

现在排除至 16 个特征。

```
23 android_id 字典生成完毕，共 362258 个 id
24 apptype 字典生成完毕，共 89 个 id
25 carrier 字典生成完毕，共 5 个 id
26 dev_height 字典生成完毕，共 798 个 id
27 dev_ppi 字典生成完毕，共 92 个 id
28 dev_width 字典生成完毕，共 346 个 id
29 lan 字典生成完毕，共 22 个 id
30 media_id 字典生成完毕，共 284 个 id
31 ntt 字典生成完毕，共 8 个 id
32 os 字典生成完毕，共 2 个 id
33 osv 字典生成完毕，共 155 个 id
34 package 字典生成完毕，共 1950 个 id
35 sid 字典生成完毕，共 500000 个 id
36 timestamp 字典生成完毕，共 500000 个 id
37 version 字典生成完毕，共 22 个 id
38 fea_hash 字典生成完毕，共 402980 个 id
39 location 字典生成完毕，共 332 个 id
40 fea1_hash 字典生成完毕，共 4959 个 id
41 cus_type 字典生成完毕，共 58 个 id
```

2. 数据预处理

1）类型转换：明确规范标称属性和数值属性。

```
42 for col in ["android_id", "apptype", "carrier", "ntt", "media_id", "cus_type",
       "package", 'fea1_hash', "location"]:
43     train[col] = train[col].astype("object")
44 for col in ["dev_height", "dev_ppi", "dev_width", "label"]:
45     train[col] = train[col].astype("int64")
```

2）特征工程：进行时间特征处理和转换。

```
46 train["truetime"] = pd.to_datetime(train['timestamp'], unit='ms', origin=pd.
       Timestamp('1970-01-01'))
47 train["day"] = train.truetime.dt.day
48 train["hour"] = train.truetime.dt.hour
49 train["minute"] = train.truetime.dt.minute
```

3）考虑物理含义：根据实际物理含义对屏幕的长、宽以及分辨率进行处理，将值为零的数据标记为缺失值。

4）特征编码：采用 LabelEncoder 方式对不连续的数字或者文本进行编号。

之所以不选用 One-Hot 方式处理，一是因为字段包含 ID 过多，导致维度过大，二是因为 One-Hot 构建特征，不同类别间是正交的，彼此没有关联，无法体现出隐含的关联信息。

5）过滤无用的属性值。

6）通过正则化手段使 osv 属性中的值规范化。

7）利用已有数据训练随机森林模型以预测补全像素值（因为均是离散型）。可以看出，随机森林预测模型效果较好，可用于填充像素值。

```
50 prediction score is 97.39%
```

8）相关性分析：

①发现 width 和 height 相关性很高。

②将 height 与 width 进行特征组合，可以多组合几种方案备用（如计算面积、比例等）。

③数据转换：将连续性属性离散化。

相关性分析的结果如图 14-9 所示。

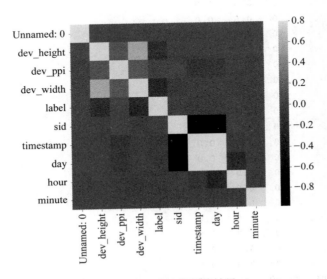

图 14-9　相关性分析的结果

9）处理空值、无用值，代码如下：

```
51 # 去掉无用属性和生成的空值
52 train = train.drop(labels=["android_id","sid","timestamp","fea_
      hash","os"],axis=1)
53 train = train.drop(labels=["dev_ppi","dev_ppi_pred","dev_height","dev_
      width"],axis=1)
54 print(train.shape)
55 train = train.drop((train[train['final_ppi'] == np.nan]).index)
56 (500000, 26)
57 # 查看缺失值，降序排列
58 total = train.isnull().sum().sort_values(ascending = False) # 缺失值在每列中的个
      数
59 percent_1 = train.isnull().sum()/train.isnull().count()*100 # 每列的缺失值占每列
      值的百分比
60 percent_2 = (round(percent_1,1)).sort_values(ascending = False)
61 percent_3 = (train.isnull().sum()/sum(train.isnull().sum())*100).sort_
      values(ascending=False)# 每列的缺失值在总缺失值中的百分比
62 percent_3 = round(percent_3,1)
63 missing_data = pd.concat([total, percent_2,percent_3],axis = 1, keys =
      ["total","%","%"]) # concat 合并数据集
64 print(missing_data)
```

```
65                   total      %       %
66  lan            183280    36.7    30.0
67  inch           107014    21.4    17.5
68  hw_ratio       107014    21.4    17.5
69  hw_matrix      107014    21.4    17.5
70  final_ppi      106229    21.2    17.4
71  location            0     0.0     0.0
72  apptype             0     0.0     0.0
73  carrier             0     0.0     0.0
74  label               0     0.0     0.0
75  media_id            0     0.0     0.0
76  ntt                 0     0.0     0.0
77  osv                 0     0.0     0.0
78  package             0     0.0     0.0
79  version             0     0.0     0.0
80  cus_type            0     0.0     0.0
81  feal_hash           0     0.0     0.0
82  truetime            0     0.0     0.0
83  day                 0     0.0     0.0
84  hour                0     0.0     0.0
85  minute              0     0.0     0.0
86  mynull1             0     0.0     0.0
87  mynull2             0     0.0     0.0
88  160_height          0     0.0     0.0
89  160_width           0     0.0     0.0
90  160_ppi             0     0.0     0.0
91  Unnamed: 0          0     0.0     0.0
92  train.dropna(axis=0, inplace=True)
93  train.drop('Unnamed: 0',axis=1, inplace=True)
94  print(train.isnull().any())  # 检测是否仍存在空值
95  apptype        False
96  carrier        False
97  label          False
98  lan            False
99  media_id       False
100 ntt            False
101 osv            False
102 package        False
103 version        False
104 location       False
105 feal_hash      False
106 cus_type       False
107 truetime       False
108 day            False
109 hour           False
110 minute         False
111 mynull1        False
112 mynull2        False
113 final_ppi      False
114 160_height     False
115 160_width      False
```

```
116 160_ppi          False
117 hw_ratio         False
118 hw_matrix        False
119 inch             False
120 dtype: bool
121 results = pd.DataFrame(columns = ['label'])
122
123 X = train[['apptype','carrier','media_id','ntt','osv','package',
124  'version','location','feal_hash','cus_type','day','hour',
125  'minute','final_ppi','160_height','160_width',
126  '160_ppi','hw_ratio','hw_matrix','inch']]
127
128 y=train['label']
129
130 X_train, X_test, y_train, y_test = train_test_split(X, y, test_size=0.2,
         random_state=1)
131 clf = RandomForestClassifier(n_estimators=150)
132
133 clf.fit(X_train,y_train)
134 print ('训练集准确率: ', accuracy_score(y_train, clf.predict(X_train)))
135 print ('测试集准确率: ', accuracy_score(y_test, clf.predict(X_test)))
136 训练集准确率: 0.9999806859699667
137 测试集准确率: 0.8972625669550885
```

14.7.3 模型优化

本节采用 CatBoost 模型进行优化。CatBoost 是一种以对称决策树为基础学习器的梯度提升决策树框架，具有参数少、支持类别型变量和准确性高等特点。它能够高效而合理地处理类别型特征，还能够解决梯度偏差及预测偏移的问题，从而减少过拟合的发生，进而提高算法的准确性和泛化能力。

相关代码如下：

```
138 0: learn: 0.8654463    test: 0.8685200    best: 0.8685200 (0)      total: 1.14s
        remaining: 3h 10m 6s
139 100:learn: 0.8871979   test: 0.8883200    best: 0.8883200 (100)    total: 2m 15s
        remaining: 3h 41m 6s
140 200:learn: 0.8897579   test: 0.8900400    best: 0.8901600 (198)    total: 4m 16s
        remaining: 3h 28m 23s
141 300:learn: 0.8913095   test: 0.8915200    best: 0.8917600 (291)    total: 6m 18s
        remaining: 3h 23m 7s
142 400:learn: 0.8925221   test: 0.8918800    best: 0.8920400 (394)    total: 8m 13s
        remaining: 3h 16m 55s
143 500:learn: 0.8935074   test: 0.8926400    best: 0.8928800 (498)    total: 10m 4s
        remaining: 3h 10m 58s
144 600:learn: 0.8942379   test: 0.8928400    best: 0.8929200 (586)    total: 11m
        56s  remaining: 3h 6m 46s
145 700:learn: 0.8951516   test: 0.8931600    best: 0.8934400 (643)    total: 13m
        46s  remaining: 3h 2m 40s
```

```
146  800:learn: 0.8955768   test: 0.8928800    best: 0.8934400 (643)   total: 15m
         39s   remaining: 2h 59m 44s
147  900:learn: 0.8962737   test: 0.8929200    best: 0.8934400 (643)   total: 17m
         33s   remaining: 2h 57m 15s
148  1000:learn: 0.8967916   test: 0.8928000   best: 0.8934400 (643)   total: 19m
         31s   remaining: 2h 55m 27s
149  1100:learn: 0.8974126   test: 0.8928800   best: 0.8934400 (643)   total: 21m
         25s   remaining: 2h 53m 6s
150  Stopped by overfitting detector   (500 iterations wait)
151
152  bestTest = 0.89344
153  bestIteration = 643
154
155  Shrink model to first 644 iterations.
```

从上述结果可以看出，对于第 1100 行输出结果，learn：0.8974126，test：0.8928800，模型在验证集与测试集上的准确率均表现较高，模型的泛化能力得到增强，但模型的运行时间开销大。

14.8 本章小结

本章主要介绍了常见的集成学习算法及其代码实现。集成学习通过整合多个学习器的结果，可以获得更加合理的分类边界，因此可以适应各种数据集，而且可以提高模型的性能和鲁棒性，降低过拟合的风险。此外，通过对集成学习算法进行调参，也可以优化整体模型的性能。

第 15 章
综合案例实践

15.1　员工离职预测综合案例

15.1.1　数据总览

本案例来自 DataCastle 数据竞赛平台中的赛题——员工离职预测，数据集的介绍可回顾第 1 章。下面将分别采用逻辑回归、支持向量机、随机森林、决策树、k 近邻、朴素贝叶斯算法对员工离职情况进行预测，通过比较不同算法的测试结果，找到最佳的预测方法。

1）导入需要的库：

```python
import pandas as pd
import numpy as np
import seaborn as sns
from sklearn.model_selection import train_test_split,cross_val_score
from sklearn.ensemble import RandomForestClassifier
from sklearn.tree import DecisionTreeClassifier
from sklearn.neighbors import KNeighborsClassifier
from sklearn import svm
from sklearn.naive_bayes import GaussianNB
from sklearn.linear_model import LogisticRegression
from sklearn.metrics import accuracy_score
from sklearn import metrics
```

2）导入数据：

```python
pd.set_option('display.max_columns',None)
pd.set_option('display.max_rows',None)
data_train = pd.read_csv('train.csv')
# 训练集共有1100 条数据
data_test = pd.read_csv('test_noLabel.csv')
# 测试集总共 350 条数据
data = pd.concat([data_train,data_test],axis = 0)
```

3）查看基本信息：

```
data.head()
data.info()
data.describe()
```

显示的信息如下所示：

Num	Column	Non-Null Count	Dtype	Num	Column	Non-Null Count	Dtype
0	ID	1450 non-null	int64	16	NumCompanies Worked	1450 non-null	int64
1	Age	1450 non-null	int64	17	Over18	1450 non-null	object
2	BusinessTravel	1450 non-null	Object	18	OverTime	1450 non-null	object
3	Department	1450 non-null	Object	19	PercentSalary Hike	1450 non-null	int64
4	DistanceFromHome	1450 non-null	int64	20	Performance Rating	1450 non-null	int64
5	Education	1450 non-null	int64	21	Relationship Satisfaction	1450 non-null	int64
6	EducationField	1450 non-null	Object	22	StandardHours	1450 non-null	int64
7	EmployeeNumber	1450 non-null	int64	23	StockOptionLevel	1450 non-null	int64
8	Environment Satisfaction	1450 non-null	int64	24	TotalWorkingYears	1450 non-null	int64
9	Gender	1450 non-null	Object	25	TrainingTimes LastYear	1450 non-null	int64
10	JobInvolvement	1450 non-null	int64	26	WorkLifeBalance	1450 non-null	int64
11	JobLevel	1450 non-null	int64	27	YearsAtCompany	1450 non-null	int64
12	JobRole	1450 non-null	Object	28	YearsInCurrent Role	1450 non-null	int64
13	JobSatisfaction	1450 non-null	int64	29	YearsSinceLast Promotion	1450 non-null	int64
14	MaritalStatus	1450 non-null	Object	30	YearsWithCurr Manager	1450 non-null	int64
15	MonthlyIncome	1450 non-null	int64	31	Label	1100 non-null	float64

从结果中可以看到，数据集无空缺值。

15.1.2 数据预处理

1）移除对离职无影响的标签：

```
data.drop('EmployeeNumber',axis=1)
data.drop('Over18',axis=1)
data.drop('StandardHours',axis=1)
data.drop('ID',axis=1)
```

2）绘制柱状图查看不同职位的离职情况：

```
data_JobRole=pd.crosstab(data.JobRole,data.Label)
data_JobRole.div(data_JobRole.sum(1).astype(float), xis=0).plot(kind='bar',
    stacked=True)
```

不同职位离职情况的柱状图如图 15-1 所示。

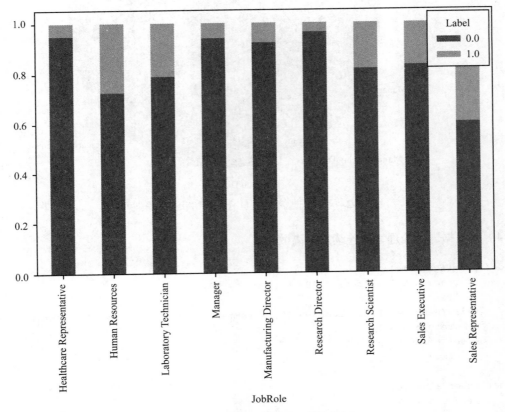

图 15-1　不同职位离职情况的柱状图

3）绘制饼状图查看不同岗位离职人员的分布情况：

```
plt.figure(figsize=(10, 10))
data_Label_JobRole =data.groupby('JobRole').Label.count()

plt.pie(data_Label_JobRole, labels=data_Label_JobRole.index,
        autopct="%1.2f%%",
        startangle=90)
plt.legend()
```

不同岗位离职人员分布的饼状图如图 15-2 所示。

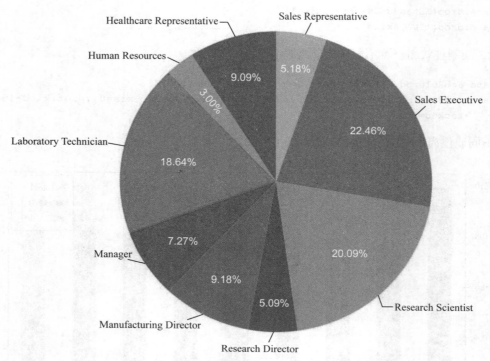

图 15-2 不同岗位离职人员分布的饼状图（彩插）

4）对数据进行处理，将连续数据离散化：

```python
def resetAge(name):
    if (name < 24) & (name > 18) & (name == 58):
        return 1
    elif (name == 18) & (name == 48) & (name == 54) & (name == 57) & (name > 58):
        return 0
    else:
        return 2


def resetSalary(s):
    if s>0 & s<3725:
        return 0
    elif s>=3725 & s<11250:
        return 1
    else:
        return 2


def resetPerHike(s):
    if s >= 22 & s < 25:
        return 0
    elif (s >= 11 & s < 14) | (s > 14 & s < 22):
        return 1
    else:
        return 2
```

```
data['PercentSalaryHike'] = data['PercentSalaryHike'].apply(resetPerHike)
data['MonthlyIncome'] = data['MonthlyIncome'].apply(resetSalary)
data['Age'] = data['Age'].apply(resetAge)

numerical_cols = data.select_dtypes(exclude = 'object').columns
categorical_cols = data.select_dtypes(include = 'object').columns
feature_cols=[col for col in numerical_cols if col not in ['EmployeeNumber','Over
    18','StandardHours']]
x_data=pd.concat([data[feature_cols],data[categorical_cols]],axis=1)
y_data=data['Label']
x_data=pd.get_dummies(x_data)
```

5）查看数据之间相关性，并绘制热力图：

```
corr=x_data.corr()
plt.figure(figsize=(16, 16))
sns.heatmap(corr,xticklabels=corr.columns.values,yticklabels=corr.columns.values)
plt.show()
```

数据之间相关性的热力图如图 15-3 所示。

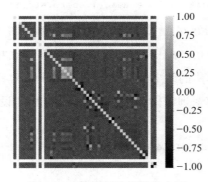

图 15-3　数据相关性的热力图

6）对数据进行编码并删除无用变量：

```
cata_result = pd.DataFrame()
for i in data.columns:
    if data[i].dtype == 'O':
        cata = pd.DataFrame()
        cata = pd.get_dummies(data[i], prefix=i)
        cata_result = pd.concat([cata_result, cata], axis=1)
for i in data.columns:
    if data[i].dtype == 'O':
        data = data.drop(i, axis=1)
data = pd.concat([data, cata_result], axis=1)
```

15.1.3　模型构建与比较

带入不同模型进行比较：

```
sep = 1100
X = data.iloc[0:sep,:].drop('Label',axis = 1)
y = data.iloc[0:sep,:]['Label']
#data_test_use = data.iloc[sep:,:]
#data_test_use1 = data_test_use.drop('Label',axis=1)

X_train,X_test,y_train,y_test = train_test_split(X,y,test_size=0.25,random_
    state=2)

model = {'LR': LogisticRegression(), 'svm': svm.SVC(), 'RMF':
    RandomForestClassifier(random_state=10, warm_start=True,
n_estimators=26,
max_depth=6,
max_features='sqrt'),
        'CART': DecisionTreeClassifier(), 'KNN': KNeighborsClassifier(),
'Bayes': GaussianNB()}

for i in model:
    model[i].fit(X,y)
    score = cross_val_score(model[i],X,y,cv=5,scoring='accuracy')
    print("%s:%.3f(%.3f)"%(i,score.mean(),score.std()))
```

逻辑回归算法的准确率为 0.862,支持向量机的准确率为 0.838,随机森林算法的准确率为 0.849,决策树的准确率为 0.791,k 近邻算法的准确率为 0.796,朴素贝叶斯算法的准确率为 67.3%。通过比较不同算法的结果,发现采用逻辑回归算法的准确率最高。

接下来,采用逻辑回归算法训练模型,并进行初步调参,设置 solver 为 liblinear:

```
sep = 1100
X = data.iloc[0:sep,:].drop('Label',axis = 1)
y = data.iloc[0:sep,:]['Label']

X_train,X_test,y_train,y_test = train_test_split(X,y,test_size=0.25,random_
    state=42)
L = LogisticRegression(solver = 'liblinear')
L = L.fit(X_train,y_train)
y_train_pred = L.predict(X_train)
score_train = accuracy_score(y_train,y_train_pred)
score_train
```

运行结果表明,在训练集上,该模型的准确率达到 90%。

15.2 二手车交易价格预测综合案例

15.2.1 数据集简介

本案例来自天池平台的二手车交易价格预测问题。现在,二手车市场越来越繁荣,交易量越来越大。二手车交易市场的特点是买者与卖者处于不对称信息结构中。传统的定价方法是基于资产评估来评定二手车价格，这种方式受主观因素影响大且不够精确。目前尚未形成一套公认的、可靠的二手车价格评估体系，因此迫切需要一种更科学、更准确的估价模型。

二手车的价格会受到车辆使用强度、养护情况、使用区域、品牌溢价、消费心理等多因素的影响，交易价格也会有很大的波动。二手车具有"一车一况"的特点，因此二手车价格具有"一车一价"的特点。影响二手车价格的因素又可以从宏观和微观两个层面考虑。从宏观层面上考虑，区域经济情况、人均可支配收入、区域保有量情况等因素影响着供需关系及购买力情况，而区域政策、用车环境、养车价格等因素影响着购买意愿。从微观层面考虑，二手车辆的使用情况、磨损情况、保养情况、是否出过事故等因素会影响车辆的价值。车况可通过车型、行驶里程、车龄、车系、车型配置、车身颜色、车辆用途、所属地区、使用年限、新车价格等可搜集的信息来体现。

本问题的数据来自某交易平台的二手车交易记录，总数据量超过 40 万条，包含 31 列变量，其中 15 列为匿名变量。从数据集中抽取 15 万条记录作为训练集，5 万条记录作为测试集 A，5 万条记录作为测试集 B。表 15-1 给出了数据集的字段与描述。

表 15-1　数据集的字段与描述

字段	描述
SaleID	交易 ID，唯一编码
name	汽车交易名称（已脱敏）
regDate	汽车注册日期，例如 20160101，2016 年 01 月 01 日
model	车型编码（已脱敏）
brand	汽车品牌（已脱敏）
bodyType	车身类型，0 为豪华轿车，1 为微型车，2 为厢型车，3 为大巴车，4 为敞篷车，5 为双门汽车，6 为商务车，7 为搅拌车
fuelType	燃油类型，0 为汽油，1 为柴油，2 为液化石油气，3 为天然气，4 为混合动力，5 为其他，6 为电动
gearbox	变速箱，0 为手动，1 为自动
power	发动机功率，取值范围为 [0, 600]
kilometer	汽车已行驶公里数，单位为万公里
notRepairedDamage	汽车是否有尚未修复的损坏，0 为是，1 为否
regionCode	地区编码（已脱敏）
seller	销售方，0 为个体商户，1 为非个体商户
offerType	报价类型，0 为提供，1 为请求
creatDate	汽车上线时间，即开始售卖时间
price	二手车交易价格（预测目标）
v 系列特征	匿名特征，包含 v0 ～ v14 在内的 15 个匿名特征

15.2.2　数据总览

在解决问题之前，对现有数据进行浏览，了解数据的构造和类型，以便更好地对数据进行操作，以及进行问题探究。这里主要利用 head 函数观察数据集，部分数据显示如下所示。

	SaleID	name	regDate	model	...	v_11	v_12	v_13	v_14
0	0	736	20040402	30.0	...	2.804097	-2.420821	0.795292	0.914762
1	1	2262	20030301	40.0	...	2.096338	-1.030483	-1.722674	0.245522
2	2	14874	20040403	115.0	...	1.803559	1.565330	-0.832687	-0.229963
3	3	71865	19960908	109.0	...	1.285940	-0.501868	-2.438353	-0.478699
4	4	111080	20120103	110.0	...	0.910783	0.931110	2.834518	1.923482

在初步了解数据集的构造后，对数据集的统计量做进一步探究，以便后续观察统计量与需要预测的目标值之间的关系。利用 describe 函数统计数据集中每列的关键统计指标，包括数据项的总数 count、平均值 mean、方差 std、最小值 min、最大值 max，还通过计算四分位数（即 25%、50% 和 75%）的值，揭示数据的分布情况以及数据集中值的分散程度和中心趋势。同时，利用 info 函数了解每列的数据类型，从而针对不同类型的数据进行处理。部分统计量数据如下所示：

	SaleID	name	...	v_13	v_14
count	150000.000000	150000.000000	...	150000.000000	150000.000000
mean	74999.500000	68349.172873	...	0.000313	-0.000688
std	43301.414527	61103.875095	...	1.288988	1.038685
min	0.000000	0.000000	...	-4.153899	-6.546556
25%	37499.750000	11156.000000	...	-1.057789	-0.437034
50%	74999.500000	51638.000000	...	-0.036245	0.141246
75%	112499.250000	118841.250000	...	0.942813	0.680378
max	149999.000000	196812.000000	...	11.147669	8.658418

15.2.3　数据预处理

在前面的数据信息统计表中，有几个字段存在缺失值。接下来，对缺失值情况进行分析，结果如下所示：

```
1 import missingno as msno
2 t_data=train_data.copy()
3 msno.matrix(df=t_data.iloc[:,1:69], figsize=(20, 14), color=(0.42, 0.1, 0.05),labels=True)
```

缺失值分布图如图 15-4 所示。

通常情况下，原始数据集并不完美，需要了解数据集中的特殊值，主要包括无用值、缺失值、异常值、长尾分布等。从缺失值分布图中可以看出，存在缺失值的列有 brand、bodyType、fuelType。绘制所有变量的柱状图查看数据分布情况，结果如图 15-5 所示。训练数据集中存在异常的变量有 seller、offerType 和 crateDate。因此，可以在构建模型时对这些变量做预处理，例如，由于 offerType 变量值全为 0，因此可以考虑去掉它。

```
1 # 查看数据集分布
2 train_data.hist(bins=50,figsize=(20,15))
3 plt.cla()
4 # 删除严重异常的两个特征
5 train_data.drop(colums=['seller','offerType'],inplace=True)
```

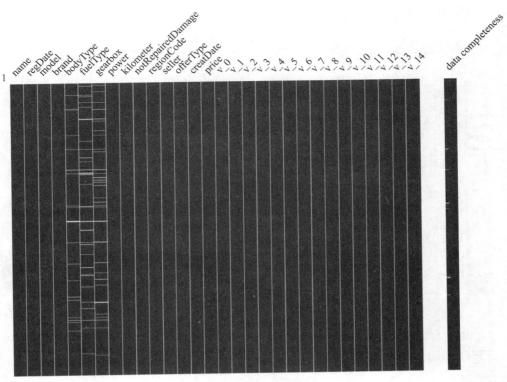

图 15-4　缺失值分布图

15.2.4　查看变量分布

将价格的总体分布可视化后，发现 Johnson SU 的拟合效果较好，价格数据分布存在右偏，说明存在过大的极端值，需要对数据中的过大的价格值进行处理。可视化价格分布的代码如下：

```
1  y=train_data['price']
2  plt.figure(figsize=[8,5])
3  plt.subplot(1,3,1)
4  plt.title('johnsonsu')
5  sns.distplot(y, kde=False,fit=st.johnsonsu)
6  plt.subplot(1,3,2)
7  plt.title('norm')
8  sns.distplot(y, kde=False,fit=st.norm)
9  plt.subplot(1,3,3)
10 plt.title('lognorm')
11 sns.distplot(y, kde=False,fit=st.lognorm)
12 plt.show()
```

价格分布图如图 15-6 所示。

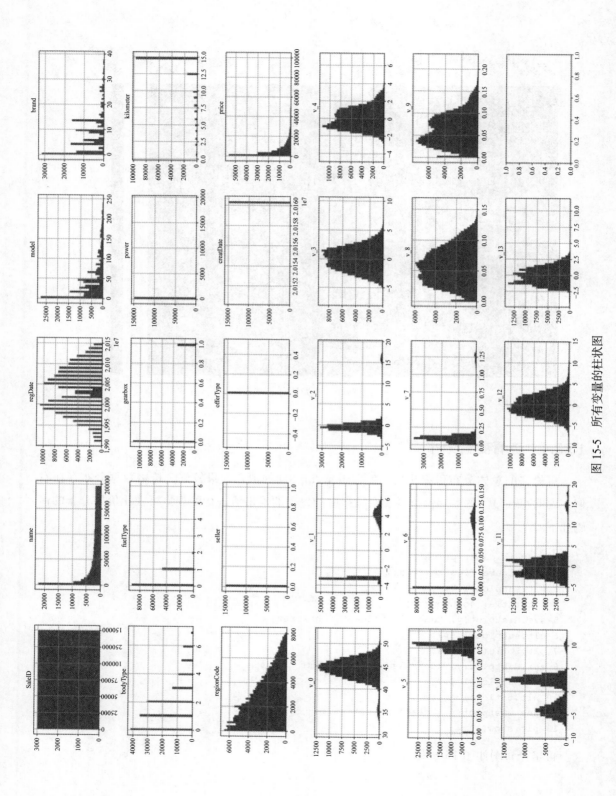

图 15-5 所有变量的柱状图

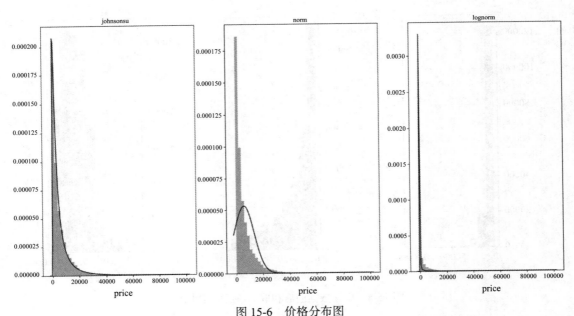

图 15-6　价格分布图

从价格分布图中可以看出，价格大于 40 000 元的二手车数量极少。再利用箱线图查看具体的分布划分，从图 15-7 中可以看出，价格大于 20 000 元则为异常值。

```
1 plt.boxplot(y)
2 plt.show()
```

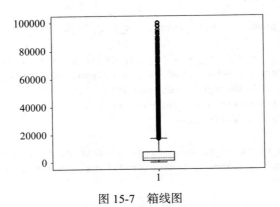

图 15-7　箱线图

将价格大于 20 000 元的数据剔除后重新画图，并对价格进行取对数处理，由图 15-8 可知，对价格进行对数处理时，较大的数值被压缩，较小的数值相对变化不大，数据分布更加紧密和集中，说明后续在特征工程中可对价格数据做 log 转换。结果如下所示：

```
1 train_data['price'].hist()
2 train_data[train_data['price']<=20000]['price'].hist()
3 np.log(train_data[train_data['price']<=20000]['price']).hist()
4 plt.show()
```

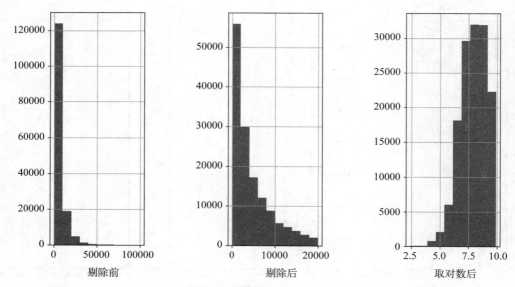

图 15-8 剔除数据前后和取对数后的结果图

15.2.5 查看变量间的关系

特征数据分为标称数据、序数数据、区间标度数据和比率标度数据四类。本案例中的数据类型有标称数据和区间标度数据。

1）查看区间标度的相关性。

```
1 num_features=['power', 'kilometer', 'v_0', 'v_1', 'v_2', 'v_3', 'v_4', 'v_5',
   'v_6',
2    'v_7', 'v_8', 'v_9', 'v_10', 'v_11', 'v_12', 'v_13', 'v_14', 'price']
3 cat_features=['name','model','brand','bodyType','fuelType','gearbox',
4        'notRepariedDamage','regionCode']
5 num_features_price=train_data[num_features]
6 plt.subplots(figsize = (16,12))
7 colormap=plt.cm.magma
8 sns.heatmap(num_features_price.corr(), linewidths=0.1, vmax=1, square = True,
9           cmap = colormap, linecolor='white', annot=True)
10 plt.show()
```

从图 15-8 中，可以看到不同区间标度数据之间的相关性大小，从中可挑选出与价格相关性较大的特征，剔除相关性为 0 的特征。此外，回归预测中需要解决共线性特征。v_6 与 v_1 的相关性为 1，需判断是否为重复列；v_0 ～ v_14 的大部分特征的相关性系数比较大，需要进行降维处理。各特征之间的相关性的热力图如图 15-9 所示。

2）查看区间标度数据的偏度和峰度，观察是否存在需要进行处理或者转换的极值。

```
1 for col in num_features:
2     print('{:15}'.format(col),
3         '特征偏度 : {:05.2f}'.format(num_features_price[col].skew()),
```

```
4                    '  ',
5                    '特征峰度：{:06.2f}'.format(num_features_price[col].kurt())
6                    )
7 f = pd.melt(train_data, value_vars=num_features)
8 g = sns.FacetGrid(f, col="variable", col_wrap=3, sharex=False, sharey=False)
9 g = g.map(sns.distplot, "value")
10 plt.show()
```

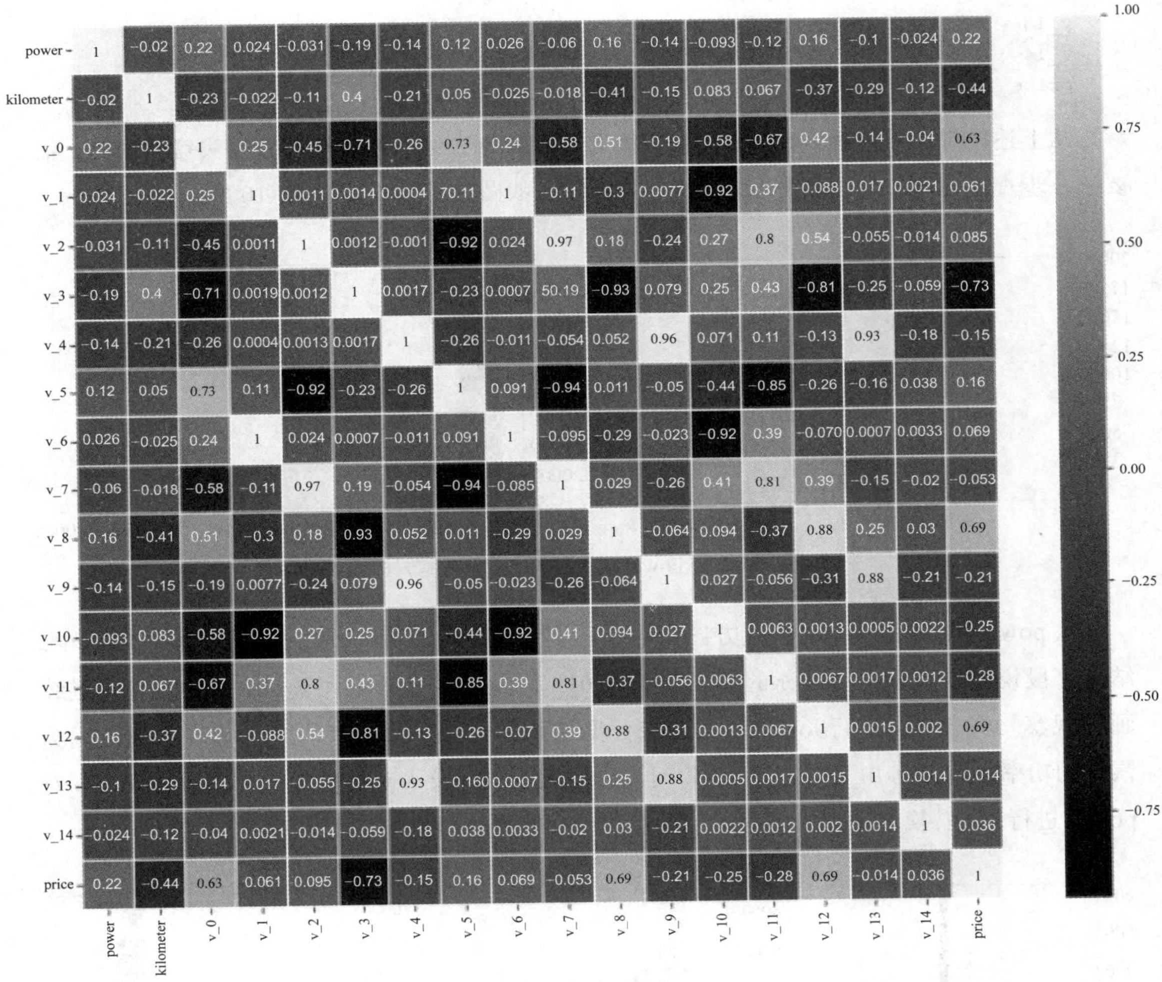

图 15-9　相关性热力图

代码运行的结果如下：

```
power           特征偏度：65.86    特征峰度：5733.45
kilometer       特征偏度：-1.53    特征峰度：001.14
v_0             特征偏度：-1.32    特征峰度：003.99
v_1             特征偏度：00.36    特征峰度：-01.75
v_2             特征偏度：04.84    特征峰度：023.86
v_3             特征偏度：00.11    特征峰度：-00.42
```

```
v_4          特征偏度：00.37          特征峰度：-00.20
v_5          特征偏度：-4.74          特征峰度：022.93
v_6          特征偏度：00.37          特征峰度：-01.74
v_7          特征偏度：05.13          特征峰度：025.85
v_8          特征偏度：00.20          特征峰度：-00.64
v_9          特征偏度：00.42          特征峰度：-00.32
v_10         特征偏度：00.03          特征峰度：-00.58
v_11         特征偏度：03.03          特征峰度：012.57
v_12         特征偏度：00.37          特征峰度：000.27
v_13         特征偏度：00.27          特征峰度：-00.44
v_14         特征偏度：-1.19          特征峰度：002.39
price        特征偏度：03.35          特征峰度：019.00
```

从上述结果中可以看到，power 的偏度和峰度特别大，右偏且峰顶特别尖锐。因此，需要进一步查看 power 的数据分布。power 的原始箱线图和直方图如图 15-10 所示。

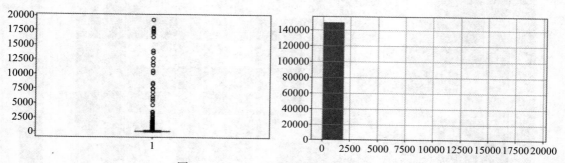

图 15-10　power 的原始箱线图和直方图

从 power 的原始箱线图和直方图中可以看到，power 大于 2500 的二手车数量非常少，结合字段说明中规定的 power 的范围为 [0,600]，因此，将 power 大于 600 值的剔除，继续画图观察。将 power 进行 log 转换，发现数据有两部分，左边为 0 的同样是异常值，因为汽车的功率不可能为 0。所以，后续将对 power 大于 600 及为 0 的值进行异常值处理，并对 power 进行 log 转换。处理后 power 的箱线图和直方图如图 15-11 所示。

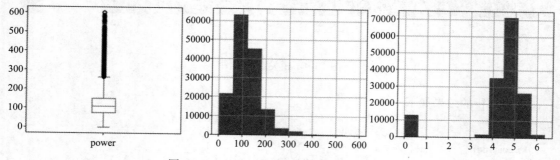

图 15-11　处理后 power 的箱线图和直方图

15.2.6 查看变量间的分布关系

查看不同变量，可以发现不同 bodyType 的价格跨度有所不同，不同燃油类型汽车的价格跨度也不同，自动档汽车的均价比手动档汽车高一些。不同变量间的分布关系如图 15-12 所示。

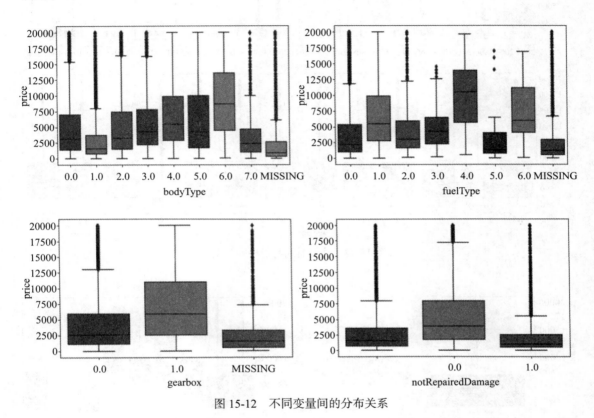

图 15-12　不同变量间的分布关系

15.2.7 分析汽车注册月份与价格的关系

分析不同汽车注册年份的价格分布箱线图（如图 15-13 所示），发现注册年份越靠后，价格的跨度越大，推测年份越靠后，二手车的车型越多，且价格有上升的趋势。汽车在不同月份注册的箱型图分布基本一致，说明注册月份对二手汽车价格的影响极小。因此，虽然我们发现汽车注册月份有错误（存在月份值为"00"的情况，但由于注册月份对价格影响很小）故不需要处理注册月份为"00"的情况。

观察数据可知，大部分二手车的上线的年份为 2016 年，但上线月份不同，价格跨度也不一样，其中 3、4、9、12 月上线的二手车价格较低，1、6、11 月上线的二手车价格较高。因此，上线月份可作为预测特征。图 15-14 给出了上线年度和月份的箱线图。

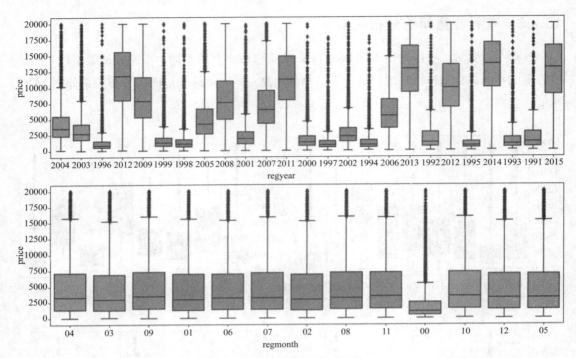

图 15-13　注册时间与价格的关系

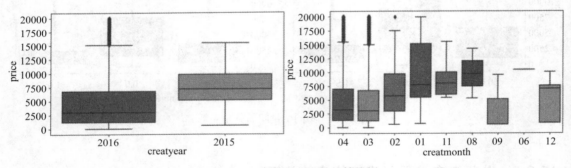

图 15-14　上线年度和月份的箱线图

15.2.8　特征工程

1）时间类特征：获取年、月等特征。项目中给出了汽车制造时间和广告上线时间，由此可以得到汽车的使用时间，后者可能是影响汽车价格的重要变量。

```
# 构建汽车使用时间
train_data['used_time']=(pd.to_datetime(train_data['creatDate'],format=
'%Y%m%d',errors='coerce')-pd.to_datetime(train_data['regDate'],format='%Y%m%d',er-
rors='coerce')).dt.days3.  # 汽车制造时间拆分提取
train_data['creatMonth']=pd.to_datetime(train_data['creatDate'], format= %Y%m%d',
errors='coerce').dt.month
```

2）离散特征：得到统计量数据以及峰值与偏度，构造更多特征。项目中的离散特征有 bodyType、fuelType、gearbox、notRepairedDamage，可对离散特征进行 one-hot 编码。

```
1 OneHotCol = ['bodyType','fuelType','gearbox','notRepairedDamage']
2 for i in OneHotCol:
    OneHotCode = pd.get_dummies(train_data[i])
        OneHo tCode.columns = [i+'_'+str(j) for j in range(len(OneHotCode.columns))]
    Combine = pd.concat([train_data,OneHotCode],axis=1)
```

3）匿名特征：14 个匿名特征分布均匀，可以保留，进行特征组合，从而构造更多的特征，尤其是预测值强相关的匿名特征。根据前面的相关性热力图可以得到预测值强相关的匿名特征，对匿名特征进行多项式特征构造，由此构造出新特征。同时，定义阈值为 0.2，删除与 price 相关度太低的构造特征，并进行多重共线性检测删除和其他特征相关度太高的构造特征。

```
1 # 多项式特征构造
  v_list=[f'v_{x}' for x in range(15)]
2 v_train=train_data[v_list]
3 pf=PolynomialFeatures(degree=3,include_bias=False)
4 pf.fit(v_train)
5 v_pf=pf.transform(v_train)
6 # 此处以加法特征构造为例
  v_add=pd.DataFrame()
7 for i in range(15):
8     for j in np.arange(i,15,1):
9         if i==j:
10            continue
11        column_name=f'''v{i}+v{j}'
12        column1=f'v_{i}'
13        column2=f'v_{j}'
14        add_series=pd.Series(v_train[column1]+v_train[column2],name=column_
              name)
15        v_add=pd.concat([v_add,add_series],axis=1)
16 # 删除和 price 相关度太低的新特征
  def corr_withprice(data,threshold=0.2):
17     v_corr_price=data.corr(train_data.price)
18     if v_corr_price>threshold:
19         return data
20     else:
21         pass
22 # 进行多重共线性检测，对相关系数大于阈值的变量，查看与其他变量相关性平均值，剔除均值高的变量
  def drop_corrhigh_colunm(data,threshold=0.75):
23     drop_columns=[]
24     v_index=data.columns
25     v_corr=data.corr()
26     for index1 in v_index:
27         for index2 in v_index:
```

```
28              if index1==index2:
29                  continue
30              corr=v_corr.loc[index1,index2]
31              if corr>threshold:
32                  index1_corr_mean=v_corr[index1][v_corr[index1]!=1].mean()
33                  index2_corr_mean=v_corr[index2][v_corr[index1]!=1].mean()
34                  if index1_corr_mean >= index2_corr_mean:
35                      drop_columns.append(index1)
36                  else:
37                      drop_columns.append(index2)
38      data=data.drop(columns=drop_columns,inplace=True)
39      return data
```

15.2.9 模型构建与训练

LightGBM 和 Catboost 都是经典的树模型，两者各有优劣。在本案例的最终模型构建中，将使用集成学习的方法来预测二手车交易价格。首先，使用基础模型（如 lgbm 模型和 catb 模型）来训练数据集，这部分基础模型称为"第一级模型"；接下来使用"第一级模型"的输出作为输入来训练第二级模型，即 stack 模型。同时，采用正则化、10 折交叉验证等方法防止过拟合，实现模型训练。

```
1 def final_model(x_train_tree, x_test_tree, y_train_tree, x_train_nn, x_test_nn,
  y_train_nn):
2     # lgbm 模型
3     predictions_lgbm, oof_lgbm = lgbm_model(x_train_tree, x_test_tree, y_train_
        tree)
4
5     # catb 模型
6     predictions_catb, oof_catb = catb_model(x_train_tree, x_test_tree, y_train_
        tree)
7
8     # 树模型 stack
9     predictions_tree, oof_tree = stack_model(predictions_lgbm, predictions_
        catb, oof_lgbm, oof_catb, y_train_tree)
10
11     # nn 模型
12     predictions_nn, oof_nn = nn_model(x_train_nn, x_test_nn, y_train_nn)
13
14     # nn 模型 + 树模型 stack
15     predictions = (predictions_tree + predictions_nn) / 2
16     oof = (oof_tree + oof_nn) / 2
17     point = mean_absolute_error(oof, np.expm1(y_train_nn))
18     print"final model mae:{:<8.8f}".format(point))
19
20     return predictions
```

15.3　信息抽取综合案例

15.3.1　案例背景

飞桨是百度公司研发的一款技术领先的深度学习开源开放平台。信息抽取旨在从非结构化的自然语言文本中提取结构化知识，如实体、关系、事件等。目前，大多数研究工作仅关注单一类型信息的抽取效果，缺乏在不同类型信息抽取任务上的统一评价。因此，本开源项目收集了两种不同类型的中文信息抽取任务，包括关系抽取和事件抽取，同时涵盖句子和篇章两种粒度的自然语言文本，并提供了统一的评测方式，期望从不同维度对结构化知识抽取的效果进行综合评价。本开源项目的数据集为研究人员和开发者提供了交流的平台，有助于进一步提升信息抽取的研究水平，推动自然语言理解和人工智能技术的应用和发展。

本项目设立了两种不同形态的信息抽取任务，包括一个关系抽取任务和两个事件抽取任务。每个子任务的定义如下：

1. 子任务一：关系抽取

该任务的目标是对于给定的自然语言句子，根据预先定义的 schema 集合，抽取出所有满足 schema 约束的 SPO 三元组。schema 定义了关系 P 及其对应的主体 S 和客体 O 的类别。根据 O 值的复杂程度可以将目标关系划分为以下两种：

1）**简单 O 值**：也就是说，O 是一个单一的文本片段。简单 O 值是最常见的关系类型。为了保持格式统一，简单 O 值类型的 schema 定义也通过结构体保存，结构体中只有一个 @value 字段存放 O 值。例如，"妻子"关系的 schema 定义如下：

```
{
    S_TYPE: 人物,
    P: 妻子,
    O_TYPE: {
        @value: 人物
    }
}
```

2）**复杂 O 值**：也就是说 O 是一个结构体，由多个语义明确的文本片段共同组成，多个文本片段对应结构体中的多个槽位。在复杂 O 值类型的定义中，可以认为 @value 槽位是该关系的默认 O 值槽位，对于该关系不可或缺，其他槽位均可缺省。例如，"饰演"关系中的 O 值有两个槽位 @value 和 inWork，分别表示"饰演的角色是什么"以及"在哪部影视作品中发生的饰演关系"，其 schema 定义如下：

```
{
    S_TYPE: 娱乐人物,
    P: 饰演,
```

```
O_TYPE: {
    @value: 角色 ,
    inWork: 影视作品
}
}
```

关系抽取的输入 / 输出如下：

- 输入：一个或多个连续完整句子。
- 输出：句子中包含的所有符合给定 schema 约束的 SPO 三元组。

下面是一个输入示例：

```
{
    "text":" 王雪纯是 87 版《红楼梦》中晴雯的配音者，她是《正大综艺》的主持人 "
}
```

下面是一个输出示例：

```
"text":" 王雪纯是 87 版《红楼梦》中晴雯的配音者，她是《正大综艺》的主持人 ",
    "spo_list":[
        {
            "predicate":" 配音 ",
            "subject":" 王雪纯 ",
            "subject_type":" 娱乐人物 ",
            "object":{
                "@value":" 晴雯 ",
                "inWork":" 红楼梦 "
            },
```

2. 子任务二：句子级事件抽取

该任务的目标是对于给定的自然语言句子，根据预先指定的事件类型和论元角色，识别句子中所有目标事件类型的事件，并根据相应的论元角色集合抽取事件对应的论元。其中，目标事件类型（event_type）和论元角色 (role) 限定了抽取的范围，例如（event_type：胜负，role：时间，胜者，败者，赛事名称）、（event_type：夺冠,role：夺冠事件，夺冠赛事，冠军）。

句子级事件抽取的输入 / 输出如下：

- 输入：包含事件信息的一个或多个连续完整句子。
- 输出：属于预先定义的事件类型、论元角色的事件论元。

下面给出一个输入示例：

```
{
    "text":" 历经 4 小时 51 分钟的体力、意志力鏖战，北京时间 9 月 9 日上午纳达尔在亚瑟·阿什球
        场，以 7 比 5、6 比 3、5 比 7、4 比 6 和 6 比 4 击败赛会 5 号种子俄罗斯球员梅德韦杰夫，夺得了
        2019 年美国网球公开赛男单冠军。",
    "id":"6a10824fe9c7b2aa776aa7e3de35d45d"
}
```

下面给出一个输出示例：

```
{
    "id":"6a10824fe9c7b2aa776aa7e3de35d45d",
    "event_list":[
        {
            "event_type":" 竞赛行为 – 胜负 ",
            "arguments":[
                {
                    "role":" 时间 ",
                    "argument":" 北京时间 9 月 9 日上午 "
                },
                {
                    "role":" 胜者 ",
                    "argument":" 纳达尔 "
                },
                {
                    "role":" 败者 ",
                    "argument":"5 号种子俄罗斯球员梅德韦杰夫 "
                },
                {
                    "role":" 赛事名称 ",
                    "argument":"2019 年美国网球公开赛 "
                }
            ]
        },
        {
            "event_type":" 竞赛行为 – 夺冠 ",
            "arguments":[
                {
                    "role":" 时间 ",
                    "argument":" 北京时间 9 月 9 日上午 "
                },
                {
                    "role":" 夺冠赛事 ",
                    "argument":"2019 年美国网球公开赛 "
                },
                {
                    "role":" 冠军 ",
                    "argument":" 纳达尔 "
                }
            ]
        }
    ]
}
```

3. 子任务三：篇章级事件抽取

该任务也是事件抽取任务，其任务形式与前一子任务基本相同。但与前一子任务不同的是，该任务将输入的待抽取文本片段从句子级升级为篇章级，同时将待抽取的事件类型限定为金融领域。

篇章级事件抽取的输入 / 输出如下：

- 输入：经过处理的篇章内容，包含标题和处理后的正文。
- 输出：属于预先定义的事件类型、论元角色的事件论元。

下面给出一个输入示例：

```
{
    "text":"【亿邦动力讯】9 月 21 日消息，"卡方科技"今日宣布获得数千万元 B 轮融资，由广发信德领
        投，老股东华盖资本跟投，由义柏资本担任独家财务顾问。卡方科技以算法交易执行切入量化交易领
        域，拥有自主知识产权的交易服务平台 ATGO，为客户提供算法交易策略和量化投资的解决方案。本
        轮融资将用于进一步的研发投入及人才引进。",
    "title":"定位算法交易服务商"卡方科技"获数千万元 B 轮融资",
    "id":"6a10824fe9c7b2aa776aa7e3de35d45c"
}
```

下面给出一个输出示例：

```
{
    "id":"6a10824fe9c7b2aa776aa7e3de35d45c",
    "event_list":[
        {
            "event_type": "企业融资",
            "arguments":[
                {
                    "role": "投资方",
                    "argument": "广发信德"
                },
                {
                    "role": "投资方",
                    "argument": "华盖资本"
                },
                {
                    "role": "被投资方",
                    "argument": "卡方科技"
                },
                {
                    "role": "融资轮次",
                    "argument": "B"
                },
                {
                    "role": "融资金额",
                    "argument": "数千万元"
                },
                {
                    "role": "事件时间",
                    "argument": "9 月 21 日"
                },
                {
                    "role": "披露时间",
```

```
                    "argument": "9 月 21 日 "
                }
            ]
        }
    ]
```

15.3.2　数据集简介

千言是面向自然语言理解和生成任务的中文开源数据集合，目前，千言项目已经针对 8 个任务，汇集了来自 11 所高校和企业的 23 个开源数据集。

本项目使用百度自建的三个大规模中文信息抽取数据集——DuIE2.0、DuEE1.0 和 DuEE-fin。

DuIE2.0 是基于 schema 的中文关系抽取数据集，包含 43 万多个三元组数据、21 万个中文句子及 48 个预定义的关系类型。数据集中的句子来自百度百科、百度贴吧和百度信息流文本。

DuEE1.0 是百度发布的中文事件抽取数据集，包含属于 65 个事件类型的 1.7 万个具有事件信息的句子（2 万个事件）。事件类型根据百度风云榜的热点榜单选取确定，具有较强的代表性。65 个事件类型中不仅包含"结婚""辞职""地震"等常见的事件类型，还包含"点赞"等新出现的事件类型。数据集中的句子来自百度信息流资讯文本，相比传统的新闻资讯，文本表达的自由度更高，但事件抽取的难度也更大。

DuEE-fin 是百度发布的金融领域篇章级事件抽取数据集，包含 13 个事件类型的 1.17 万个篇章，同时存在部分非目标篇章作为负样例。事件类型来源于常见的金融事件。数据集中的篇章来自金融领域的新闻和公告，覆盖了真实场景中诸多问题。

三个数据集都划分为训练集、验证集和测试集。数据集的统计数据如表 15-2 所示：

表 15-2　数据集的统计数据

任务	数据集	训练集	测试集
关系抽取	DuIE2.0	171 135	21 055（外加 80 184 条混淆数据）
句子级事件抽取	DuEE1.0	11 908	3 488（外加 31 416 条混淆数据）
篇章级事件抽取	DuEE-fin	7 015	3 513（外加 55 881 条混淆数据）

15.3.3　模型的构建与训练

1. 关系抽取

PaddleNLP 提供 ERNIE 预训练模型常用的序列标注模型，可指定模型名字后实现一键加载。PaddleNLP 内置了预训练模型对应的 Tokenizer，可实现文本 token 化、转 token ID 和文本长度截断等操作。

1）构建模型。

```
import os
import json
from paddlenlp.transformers import ErnieForTokenClassification, ErnieTokenizer

label_map_path = os.path.join('data', "predicate2id.json")

if not (os.path.exists(label_map_path) and os.path.isfile(label_map_path)):
    sys.exit("{} dose not exists or is not a file.".format(label_map_path))
with open(label_map_path, 'r', encoding='utf8') as fp:
    label_map = json.load(fp)

num_classes = (len(label_map.keys()) - 2) * 2 + 2

model = ErnieForTokenClassification.from_pretrained("ernie-1.0", num_
    classes=(len(label_map) - 2) * 2 + 2)
tokenizer = ErnieTokenizer.from_pretrained("ernie-1.0")

inputs = tokenizer(text=" 请输入测试样例 ", max_seq_len=20)
```

2）加载并处理数据。

```
test_dataset = DuIEDataset.from_file(
    eval_file_path, tokenizer, max_seq_length, True)
test_batch_sampler = paddle.io.BatchSampler(
    test_dataset, batch_size=batch_size, shuffle=False, drop_last=True)
test_data_loader = paddle.io.DataLoader(
    dataset=test_dataset,
    batch_sampler=test_batch_sampler,
    collate_fn=collator)
```

3）定义损失函数和优化器，开始训练。

```
# 损失函数
import paddle.nn as nn

class BCELossForDuIE(nn.Layer):

# 优化器
lr_scheduler = LinearDecayWithWarmup(learning_rate, num_training_steps, warmup_
    ratio)
optimizer = paddle.optimizer.AdamW(
    learning_rate=lr_scheduler,
    parameters=model.parameters(),
    apply_decay_param_fun=lambda x: x in [
        p.name for n, p in model.named_parameters()
        if not any(nd in n for nd in ["bias", "norm"])])
# Starts training.
model.train()
for epoch in range(num_train_epochs):
```

```
print("\n=====start training of %d epochs=====" % epoch)
tic_epoch = time.time()
for step, batch in enumerate(train_data_loader):
    input_ids, seq_lens, tok_to_orig_start_index, tok_to_orig_end_index,
        labels = batch
    logits = model(input_ids=input_ids)
    mask = (input_ids != 0).logical_and((input_ids != 1)).logical_and(
        (input_ids != 2))
    loss = criterion(logits, labels, mask)
    loss.backward()
    optimizer.step()
    lr_scheduler.step()
    optimizer.clear_gradients()
    loss_item = loss.numpy().item()
```

2. 句子级事件抽取

句子级事件抽取的代码如下：

```
# 数据预处理
!bash run_duee_1.sh data_prepare

# 训练触发词识别模型
!bash run_duee_1.sh trigger_train

# 触发词识别预测
!bash run_duee_1.sh trigger_predict

# 论元识别模型训练
!bash run_duee_1.sh role_train

# 论元识别预测
!bash run_duee_1.sh role_predict

# 数据后处理，提交预测结果
# 结果存放于 submit/test_duee_1.json
!bash run_duee_1.sh pred_2_submit
```

3. 篇章级事件抽取

篇章级事件抽取的代码如下：

```
# 触发词识别模型训练
!bash run_duee_fin.sh trigger_train

# 触发词识别预测
!bash run_duee_fin.sh trigger_predict

# 论元识别模型训练
!bash run_duee_fin.sh role_train
```

```
# 论元识别预测
!bash run_duee_fin.sh role_predict

# 枚举分类模型训练
!bash run_duee_fin.sh enum_train

# 枚举分类预测
!bash run_duee_fin.sh enum_predict
```

15.3.4 模型评价

1. 关系抽取运行结果

假设关系抽取的运行结果如下：

{"text": "歌曲《墨写你的美》是由歌手冷漠演唱的一首歌曲", "spo_list": [{"predicate": "歌手", "object_type": {"@value": "人物"}, "subject_type": "歌曲", "object": {"@value": "冷漠"}, "subject": "墨写你的美"}]}

进行结果测评，输出如下：

DuIE(precision/recall/f1) 73.75/66.19/69.77

相比 73.75 的准确率，召回率只有 66.19，说明一些句子的 SPO 结构并没有抽取出来。

2. 句子级事件抽取的运行结果

查看预测结果，如下所示：

{"id": "1bf5de39669122e4458ed6db2cddc0c4",
"text": "腾讯收购《全境封锁》瑞典工作室 欲开发另类游戏大 IP",
"event_list": [{"event_type": "财经/交易-出售/收购",
"arguments": [{"role": "收购方", "argument": "腾讯"},
{"role": "交易物", "argument": "《全境封锁》瑞典工作室"}]}]}

进行结果测评，输出如下：

DuEE(precision/recall/f1) 79.40/68.23/73.40

可以看到，召回率较低，为 68.23，说明一些句子抽取没有被的抽取出来。

3. 篇章级事件抽取的运行结果

查看预测结果，如下所示：

{"id": "151718c763ebf611dd520a34712fe1c9", "event_list": [{"event_type": "公司上市",
"arguments": [{"role": "披露时间", "argument": "30 日"}, {"role": "事件时间",
"argument": "本周"}, {"role": "环节", "argument": "筹备上市"}],
"text": "据 "上交所发布" 微信公众号 30 日消息，本周沪市共发生 17 起证券异常交易行为，其中，科创板 3 起（虚假申报 2 起、拉抬打压 1 起）。上交所对此及时采取了书面警示等自律监管措施。 同时，针对 13 起上市公司重大事项等进行核查，向证监会上报 1 起涉嫌违法违规案件线索。"}, {"event_type":

" 公司上市 ", "arguments": [{"role": " 事件时间 ", "argument": " 本周 "}, {"role": " 环节 ", "argument": " 正式上市 "}]}]}

进行结果测评，输出如下：

```
DuEE-Fin(precision/recall/f1)    : 34.61/55.17/42.54
```

可以看到，准确率较低，仅有 34.61，召回率为 55.17，说明一些事件抽取的结果不理想。

15.4　学术网络节点分类

15.4.1　数据集简介

本案例的数据集由学术网络构成。学术网络的图数据中包含 1 647 958 条有向边，130 644 个节点，可以通过赛题主页提供的 edges.csv 以及 feat.npy 下载并读取数据。图上的每个节点代表一篇论文，论文从 0 开始编号；图上的每条边包含两个编号，例如 3，4 代表第 3 篇论文引用了第 4 篇论文。训练集的标注数据有 70 235 条，测试集的标注数据有 37 311 条。feat.npy 为使用 NumPy 格式存储的节点特征矩阵，Shape 为 (130 644, 100)，即 130 644 个节点，每个节点包含 100 维特征。其中，feat.npy 可以用命令 numpy.load("feat.npy") 读取（feat.npy 的格式说明如表 15-3 所示）。edges.csv 用于标记论文引用关系，为无向图，且由两列组成，没有表头。

表 15-3　feat.npy 的格式说明

字段	说明
第 1 列	边的初始节点
第 2 列	边的终止节点

训练数据（格式说明见表 15-4）给定了论文编号与类别，如 3，15 代表编号为 3 的论文的类别为 15。测试集数据（格式说明见 15-5）只提供论文编号，不提供论文类别，需要预测其类别。最终提交的 submission.csv 的格式说明如表 15-6 所示。

表 15-4　train.csv 的格式说明

字段	说明
nid	训练节点在图上的 ID
label	训练节点的标签（类别编号从 0 开始，共 35 个类别）

表 15-5　test.csv 的格式说明

字段	说明
nid	训练节点在图上的 ID

表 15-6　submission.csv 的格式说明

字段	说明
nid	测试集节点在图上的 ID
label	测试集的节点类别

15.4.2 数据总览

这个模块主要是用于读取数据集, 代码如下:

```python
from collections import namedtuple

Dataset = namedtuple("Dataset",
                ["graph", "num_classes", "train_index",
                "train_label", "valid_index", "valid_label", "test_index"])

def load_edges(num_nodes, self_loop=True, add_inverse_edge=True):
    # 从数据中读取边
    edges = pd.read_csv("work/edges.csv", header=None, names=["src", "dst"]).
        values

    if add_inverse_edge:
        edges = np.vstack([edges, edges[:, ::-1]])

    if self_loop:
        src = np.arange(0, num_nodes)
        dst = np.arange(0, num_nodes)
        self_loop = np.vstack([src, dst]).T
        edges = np.vstack([edges, self_loop])

    return edges

def load():
    # 从数据中读取点特征和边, 以及数据划分
    node_feat = np.load("work/feat.npy")
    num_nodes = node_feat.shape[0]
    edges = load_edges(num_nodes=num_nodes, self_loop=True, add_inverse_
        edge=True)
    graph = pgl.graph.Graph(num_nodes=num_nodes, edges=edges, node_feat={"feat":
        node_feat})

    indegree = graph.indegree()
    norm = np.maximum(indegree.astype("float32"), 1)
    norm = np.power(norm, -0.5)
    graph.node_feat["norm"] = np.expand_dims(norm, -1)

    df = pd.read_csv("work/train.csv")
    node_index = df["nid"].values
    node_label = df["label"].values
    train_part = int(len(node_index) * 0.8)
    train_index = node_index[:train_part]
    train_label = node_label[:train_part]
    valid_index = node_index[train_part:]
    valid_label = node_label[train_part:]
    test_index = pd.read_csv("work/test.csv")["nid"].values
    dataset = Dataset(graph=graph,
                    train_label=train_label,
```

```
                            train_index=train_index,
                            valid_index=valid_index,
                            valid_label=valid_label,
                            test_index=test_index, num_classes=35)
        return dataset

dataset = load()

train_index = dataset.train_index
train_label = np.reshape(dataset.train_label, [-1 , 1])
train_index = np.expand_dims(train_index, -1)

val_index = dataset.valid_index
val_label = np.reshape(dataset.valid_label, [-1, 1])
val_index = np.expand_dims(val_index, -1)

test_index = dataset.test_index
test_index = np.expand_dims(test_index, -1)
test_label = np.zeros((len(test_index), 1), dtype="int64")
```

15.4.3 模型构建

下面的代码展示了图神经网络的构建过程。该图神经网络模型用于图数据的节点分类任务，包括多层的图卷积层，采用了 ReLU 激活函数和 dropout 操作，最后通过全连接层输出分类结果。深入探究模型设计是为了在最终提交中实现更优的结果，也是整个实践的核心部分。

```
import pgl
import paddle.fluid.layers as L
import pgl.layers.conv as conv

def get_norm(indegree):
    float_degree = L.cast(indegree, dtype="float32")
    float_degree = L.clamp(float_degree, min=1.0)
    norm = L.pow(float_degree, factor=-0.5)
    return norm


class GCN(object):
    """
    Implement of GCN
    """
    def __init__(self, config, num_class):
        self.num_class = num_class
        self.num_layers = config.get("num_layers", 1)
        self.hidden_size = config.get("hidden_size", 64)
        self.dropout = config.get("dropout", 0.5)
        self.edge_dropout = config.get("edge_dropout", 0.0)

    def forward(self, graph_wrapper, feature, phase):
```

```
        for i in range(self.num_layers):

            if phase == "train":
                ngw = pgl.sample.edge_drop(graph_wrapper, self.edge_dropout)
                norm = get_norm(ngw.indegree())
            else:
                ngw = graph_wrapper
                norm = graph_wrapper.node_feat["norm"]


            feature = pgl.layers.gcn(ngw,
                feature,
                self.hidden_size,
                activation="relu",
                norm=norm,
                name="layer_%s" % i)

            feature = L.dropout(
                    feature,
                    self.dropout,
                    dropout_implementation='upscale_in_train')

        if phase == "train":
            ngw = pgl.sample.edge_drop(graph_wrapper, self.edge_dropout)
            norm = get_norm(ngw.indegree())
        else:
            ngw = graph_wrapper
            norm = graph_wrapper.node_feat["norm"]

        feature = conv.gcn(ngw,
                feature,
                self.num_class,
                activation=None,
                norm=norm,
                name="output")

        return feature
```

15.4.4　配置参数

常见的图神经网络模型有图神经网络、图卷积网络、图注意力模型等。通过修改 config 的相关字段，就能更改模型配置，如设定模型的层数、学习率等。

```
from easydict import EasyDict as edict

config = {
    "model_name": "GCN",
    "num_layers": 1,
    "dropout": 0.5,
```

```
        "learning_rate": 0.01,
        "weight_decay": 0.0005,
        "edge_dropout": 0.00,
}

config = edict(config)
```

15.4.5　训练数据

图神经网络采用 FullBatch 的训练方式，每一步训练就会把所有整张图的训练样本全部训练一遍。

```
# 使用 CPU
place = fluid.CPUPlace()

# 使用 GPU
# place = fluid.CUDAPlace(0)

train_program = fluid.default_main_program()
startup_program = fluid.default_startup_program()
with fluid.program_guard(train_program, startup_program):
    with fluid.unique_name.guard():
        gw, loss, acc, pred = build_model(dataset,
                                config=config,
                                phase="train",
                                main_prog=train_program)

test_program = fluid.Program()
with fluid.program_guard(test_program, startup_program):
    with fluid.unique_name.guard():
        _gw, v_loss, v_acc, v_pred = build_model(dataset,
            config=config,
            phase="test",
            main_prog=test_program)


test_program = test_program.clone(for_test=True)

exe = fluid.Executor(place)

epoch = 200
exe.run(startup_program)

# 将图数据变成 feed_dict，用于传入 Paddle Excecutor
feed_dict = gw.to_feed(dataset.graph)

for epoch in range(epoch):
    # Full Batch 训练
    # 设定图上面要获取的节点
    # node_index: 训练节点的 nid
    # node_label: 训练节点对应的标签
    feed_dict["node_index"] = np.array(train_index, dtype="int64")
```

```
          feed_dict["node_label"] = np.array(train_label, dtype="int64")

          train_loss, train_acc = exe.run(train_program,
                                  feed=feed_dict,
                                  fetch_list=[loss, acc],
                                  return_numpy=True)

          # Full Batch 验证
          # 设定图上面要获取的节点
          # node_index: 训练节点的 nid
          # node_label: 训练节点对应的标签
          feed_dict["node_index"] = np.array(val_index, dtype="int64")
          feed_dict["node_label"] = np.array(val_label, dtype="int64")
          val_loss, val_acc = exe.run(test_program,
                                  feed=feed_dict,
                                  fetch_list=[v_loss, v_acc],
                                  return_numpy=True)
    print("Epoch", epoch, "Train Acc", train_acc[0], "Valid Acc", val_acc[0])
```

运行结果：

```
......
Epoch 195 Train Acc 0.64697087 Valid Acc 0.67865026
Epoch 196 Train Acc 0.6454225 Valid Acc 0.67779595
Epoch 197 Train Acc 0.64725566 Valid Acc 0.6768705
Epoch 198 Train Acc 0.6487506 Valid Acc 0.67914855
Epoch 199 Train Acc 0.6488574 Valid Acc 0.67929095
```

15.4.6   模型评价

训练完成后，需要对测试集进行预测。预测的时候，由于不知道测试集合的标签，可以随意给一些测试 label，最终获得测试数据的预测结果。

```
feed_dict["node_index"] = np.array(test_index, dtype="int64")
feed_dict["node_label"] = np.array(test_label, dtype="int64") #假标签
test_prediction = exe.run(test_program,
                          feed=feed_dict,
                          fetch_list=[v_pred],
                          return_numpy=True)[0]
print("Prediction Label:",test_prediction)
print("True Label:",test_label)
# 对比真实标签和预测标签，计算准确率
accuracy = np.equal(test_prediction, test_label)
print(np.mean(accuracy))
```

运行结果如下：

```
Prediction Label: [31 26 24 ... 28 27 28]
True Label: [ 3 26 24 ...  8 27 28]
Test Acc: 0.6689763181624033
```

推荐阅读

机器学习：工程师和科学家的第一本书

作者：Andreas Lindholm 等 译者：汤善江 等 书号：978-7-111-75369-8 定价：109.00元

本书条理清晰、讲解精彩，对于那些有数学背景并且想了解有监督的机器学习原理的读者来说，是不可不读的。书中的核心理论和实例为读者提供了丰富的装备，帮助他们在现代机器学习的丛林中自由穿行。

—— Carl Edward Rasmussen　　剑桥大学

本书专为未来的工程师和科学家而作，涵盖机器学习领域的主要技术，从基本方法（如线性回归和主成分分析）到现代深度学习和生成模型技术均有涉及。作者在学术严谨性、工程直觉和应用之间实现了平衡。向所有机器学习领域的新手推荐本书！

——Arnaud Doucet　　牛津大学

贝叶斯推理与机器学习

作者：David Barber 等　译者：徐增林　书号：978-7-111-73296-9　定价：199.00元

图模型是一种日益重要且流行的框架，本书最大的特点正是通过图模型构建起关于机器学习及其相关领域的统一框架。本书的另一个特点在于从传统人工智能向现代机器学习的平稳过渡。全书行文流畅，读来收获满满。无论你是否具备专业的数学背景，本书都将成为有益的参考。

—— Zheng-Hua Tan　奥尔堡大学

书中讲解图模型的章节，是我所读过的最清晰、最简洁的关于图模型的阐述。其中包含大量的图表和示例，并且提供丰富的软件工具箱——这些对学生和教师都有极大的帮助。此外，本书也是相当不错的自学资源。

—— Arindam Banerjee　明尼苏达大学